U0597256

七 村

杨运强 张丹丹 吴进◎主编

陈士奇 卢胜继 宋清滨◎副主编

焦凤红 刘君◎主审

基于 DeepSeek 微 课 版

人工智能导论

人民邮电出版社

北 京

图书在版编目（CIP）数据

人工智能导论：基于 DeepSeek：微课版 / 杨运强，张丹丹，吴进主编. -- 北京：人民邮电出版社，2025.（工业和信息化精品系列教材）. -- ISBN 978-7-115-67812-6

Ⅰ. TP18

中国国家版本馆 CIP 数据核字第 2025T4V218 号

内 容 提 要

随着人工智能技术的飞速发展，大语言模型（如 DeepSeek）已经在多个行业中展现出巨大的潜力，成为推动这些行业数字化转型的重要力量。本书通过 7 个项目、17 项任务的实战讲解，全面介绍人工智能和大语言模型的核心技术与实际应用，重点围绕 DeepSeek 的使用和实践，帮助读者深入理解人工智能技术及其在实际工作中的应用。

本书内容包括人工智能和大语言模型概述、DeepSeek 大语言模型实战入门、DeepSeek 助力自动化文档处理、DeepSeek 助力个人职场办公、DeepSeek 助力新媒体营销、基于 DeepSeek 构建智能体、DeepSeek 助力零代码构建应用程序。本书采用"任务描述—必备知识—'实践讲解'"的组织方式，每个项目包含详细的实战案例和视频讲解，能帮助读者理解并掌握 DeepSeek 大语言模型的实际应用。

本书可以作为高校的人工智能通识课程教材，也可供 IT 行业从业人员和对人工智能技术感兴趣的读者自学参考。

◆ 主　　编　杨运强　张丹丹　吴　进
　　副 主 编　陈士奇　卢胜继　宋清滨
　　责任编辑　郭　雯
　　责任印制　王　郁　焦志炜

◆ 人民邮电出版社出版发行　　北京市丰台区成寿寺路 11 号
　　邮编　100164　电子邮件　315@ptpress.com.cn
　　网址　https://www.ptpress.com.cn
　　大厂回族自治县聚鑫印刷有限责任公司印刷

◆ 开本：787×1092　1/16
　　印张：13.25　　　　　　　　　　2025 年 8 月第 1 版
　　字数：402 千字　　　　　　　　 2025 年 8 月河北第 1 次印刷

定价：49.80 元

读者服务热线：(010)81055256　印装质量热线：(010)81055316
反盗版热线：(010)81055315

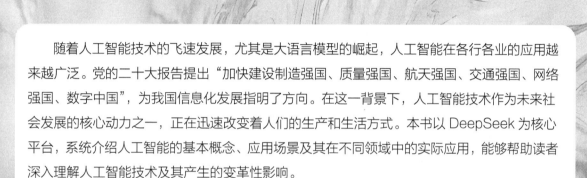

　　随着人工智能技术的飞速发展，尤其是大语言模型的崛起，人工智能在各行各业的应用越来越广泛。党的二十大报告提出"加快建设制造强国、质量强国、航天强国、交通强国、网络强国、数字中国"，为我国信息化发展指明了方向。在这一背景下，人工智能技术作为未来社会发展的核心动力之一，正在迅速改变着人们的生产和生活方式。本书以 DeepSeek 为核心平台，系统介绍人工智能的基本概念、应用场景及其在不同领域中的实际应用，能够帮助读者深入理解人工智能技术及其产生的变革性影响。

　　在数字化转型的浪潮中，人工智能，特别是大语言模型的应用，已经从理论研究逐步转向实际的生产和生活应用。本书结合理论知识与实际操作，以自动化文档处理、个人职场办公、新媒体营销和智能体构建等场景为例，讲解人工智能如何提高学习和工作的效率与质量。概括起来，本书具有以下特色。

1. 凸显课程育人，实现知识传授与价值引领的结合

　　编者在设计本书内容时，不仅注重传授专业技能，而且强调职业素养的培养。每个任务都以实际问题为驱动，通过解决具体应用场景中的问题，培养读者的系统性思维和创新能力，以及具有时代前瞻性的人工智能应用开发能力。

2. 问题引领，体现"以读者为中心"的理念

　　本书采用"任务描述—必备知识—'实战讲解'"的组织方式，通过实际问题引导读者思考，从而激发读者的学习兴趣。在项目和任务的设置上，注重贴近现实学习和工作，使读者能够在实际操作中掌握人工智能技术的应用方法，并培养解决复杂问题的能力。

3. 资源丰富，为混合式教学的实施提供便利

　　本书具有丰富的配套数字资源，包含教学大纲、课程标准、授课计划、PPT 课件、微课视频和习题答案等。通过这些资源，读者不仅能够自我检测学习成果，还能通过配套的学习资源进一步加深对知识的理解，教师也能够更加方便地实现混合式教学，提升教学效果。

　　本书主要内容及学时分配如下表所示。

前言

项目编号	项目名称	主要内容	学时分配/学时
项目 1	人工智能和大语言模型概述	人工智能的基础知识、大语言模型的应用场景和常见的大语言模型	2~4
项目 2	DeepSeek 大语言模型实战入门	从注册 DeepSeek 账号到接入 DeepSeek API 服务，逐步引导读者熟悉 DeepSeek 平台；常用的提示词技巧	4~8
项目 3	DeepSeek 助力自动化文档处理	内容生成、排版与数据处理的自动化实现	4~8
项目 4	DeepSeek 助力个人职场办公	商品营销内容创作、构建个人本地知识库等实践任务	4~8
项目 5	DeepSeek 助力新媒体营销	如何生成小红书高流量笔记、批量创作短视频，以及打造虚拟数字人	6~12
项目 6	基于 DeepSeek 构建智能体	如何构建基于提示词和插件的智能体、基于工作流的智能体和基于知识库的智能体	6~12
项目 7	DeepSeek 助力零代码构建应用程序	如何通过零代码方式生成网站与微信小程序，以及构建 MCP 应用	6~12
合计学时			32~64

本书由辽宁生态工程职业学院杨运强、沈阳职业技术学院张丹丹、辽宁生态工程职业学院吴进任主编，辽宁生态工程职业学院陈士奇、卢胜继、宋清滨任副主编，辽宁生态工程职业学院焦凤红、刘君任主审。杨运强负责编写项目 1 和任务 5-3，张丹丹负责编写项目 2 和任务 7-1，吴进负责编写项目 3 和任务 4-1，陈士奇负责编写任务 4-2、任务 7-2 和任务 7-3 中的 7.3.1~7.3.3，卢胜继负责编写任务 5-1、任务 5-2 和任务 6-1，宋清滨负责编写任务 6-2、任务 6-3 和任务 7-3 中的 7.3.4~7.3.5。焦凤红审核项目 1~项目 4，刘君审核项目 5~项目 7。

由于编者水平有限，书中可能存在不足之处，欢迎广大读者提出宝贵的意见和建议，读者可以通过邮件（594443700@qq.com）或 QQ 群（群号：927658390）与编者进行联系。

编者

2025 年 5 月

目 录

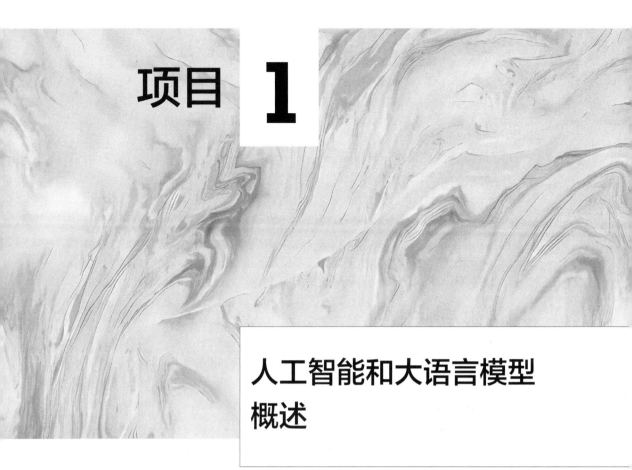

项目 **1**

人工智能和大语言模型概述

项目描述

王红刚刚考入一所大学的人工智能技术专业，作为一名大一新生，她需要了解人工智能和大语言模型的发展历程，对人工智能技术有初步的了解，培养学习兴趣。专业教师要求王红首先学习人工智能和大语言模型的基础知识，调查人工智能在生活中的应用，使用常见的大语言模型。

项目1任务思维导图如图1-1所示。

图1-1 项目1任务思维导图

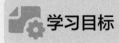

任务 1-1 人工智能概述

学习目标

知识目标
- 了解人工智能的定义和发展历程。
- 掌握人工智能的主要研究领域。

技能目标
- 能够调查并总结人工智能技术在现实生活中的应用。

素养目标
- 培养不断学习、勇于探索的求知精神。
- 培养从整体上观察事物、仔细认真的品质。

1.1.1 任务描述

王红是一名人工智能（Artificial Intelligence，AI）技术专业的大一新生，在入学后的专业教育课上，专业教师要求学生了解人工智能的发展历程，熟悉实现人工智能的重要技术，调查人工智能在现实生活中的应用，为将来的学习和研究打下坚实的基础。

1.1.2 必备知识

1. 人工智能的定义

人工智能是指通过模拟人类的智能行为，使机器能够感知、理解、学习、推理和决策，从而解决问题的技术和系统。

2. 人工智能的发展历程

人工智能经历了多个阶段的发展，从早期的符号推理到如今的深度学习。随着计算能力的提升和大数据的应用，人工智能已进入人们的日常生活，展现出巨大的潜力与广阔的应用前景，其具体发展历程如下。

（1）人工智能的诞生（20世纪50—60年代）

① 图灵测试（1950年）。阿兰·图灵（Alan Turing）在其论文《计算机器与智能》中提出了著名的"图灵测试"，旨在衡量机器是否能够展现出与人类类似的智能行为。图灵测试是人工智能领域的经典标准。

② 达特茅斯会议（1956年）。1956年，约翰·麦卡锡（John McCarthy）、马文·明斯基（Marvin Minsky）、艾伦·纽厄尔（Allen Newell）等科学家在美国达特茅斯学院召开了人工智能领域的开创性会议，该会议被认为是人工智能作为一个独立学科诞生的标志。麦卡锡是"人工智能"一词的创造者。

③ 早期研究（20世纪50年代末至20世纪60年代）。这一时期，研究者主要采用符号主义方法来模拟智能，开发了早期的人工智能程序，如1955年开发的"逻辑理论家"（Logic Theorist）和1957年开发的"通用问题解决器"（General Problem Solver）。这些程序能够执行基本的推理任务，展示了人工智能在推理和问题解决方面的初步应用。

（2）人工智能的初期辉煌与挑战（20世纪70—80年代）

① 专家系统。20世纪70年代，专家系统成为人工智能的一个主要应用方向。专家系统模拟专家的推理过程，广泛应用于医学诊断、工程设计等领域。

② 符号人工智能。这一时期，人工智能研究者集中使用符号推理和逻辑来模拟智能。但由于计算资源的限制和对问题过于理想化的理解，这一时期的人工智能发展遇到了瓶颈。

③ 人工智能冬天。由于过于乐观的预测未能实现，再加上技术和资金上的挑战，因此人工智能在20世纪80年代初期经历了"人工智能冬天"。

（3）机器学习的崛起与复兴（20世纪90年代—21世纪初）

① 机器学习的兴起。随着计算能力的提升和大数据的出现，机器学习成为人工智能的一个重要研究方向。机器学习使得计算机能够通过经验数据进行自我学习，而不完全依赖人工编程。

② 支持向量机和神经网络。这一时期，研究者发明了新的机器学习方法，如支持向量机和复兴的神经网络，后者为深度学习的兴起奠定了基础。

③ 棋类与对弈。人工智能在复杂游戏领域取得了显著进展。1997年，IBM公司的计算机深蓝击败了国际象棋世界冠军卡斯帕罗夫（Kasparov）。

（4）深度学习与人工智能的飞跃（21世纪10年代至今）

① 深度学习的突破。深度学习在21世纪10年代取得了巨大突破，特别是在图像识别、语音识别和自然语言处理等任务上表现出色。

② AlphaGo与游戏人工智能的进步。2016年，谷歌公司的AlphaGo首次击败了围棋世界冠军李世石，这一事件标志着人工智能在复杂决策和策略游戏中的重大突破。

③ 实际应用。自动驾驶汽车、语音助手、聊天机器人等应用成为人工智能技术的重要商业化成果，人工智能进入了人们的日常生活。

（5）人工智能的未来发展

未来，人工智能会更多地发展强化学习等自我学习能力，以实现更加智能和自主的系统。随着人工智能技术的迅猛发展，如何处理人机协作、数据隐私和安全以及人工智能伦理等问题成为新的挑战。

3. 人工智能的应用场景

人工智能的应用遍布各个领域，正在推动各个行业朝着智能化和自动化的方向转型，以下是一些具体的应用实例。

（1）智能客服与聊天机器人

大语言模型能模拟人类对话，为用户提供自动化的服务，常见于客户支持、在线咨询等场景。

（2）内容生成与创作

人工智能工具能够根据用户输入的提示词，自动生成广告文案、新闻报道等。

（3）文本翻译

文本翻译工具能够实现多语言之间的自动翻译，帮助用户跨语言沟通和获取信息。

（4）情感分析与舆情监测

人工智能系统通过分析社交媒体或新闻中的文本，识别情感倾向和趋势，帮助企业和政府做出决策。

（5）语音助手

语音识别技术能够识别用户的语音输入，根据用户需求提供帮助。

（6）人脸识别

人脸识别技术能够精准判断每个人的身份，在门禁、支付、安防等领域广泛应用。

（7）推荐系统

推荐系统利用人工智能分析用户行为、兴趣和偏好，从而进行个性化商品或服务推荐。例如，淘宝、京东等根据用户历史购买记录和浏览行为推荐商品，腾讯视频和优酷等根据用户观看历史推荐相关视频，小红书和抖音等根据用户兴趣推送相关的帖子和广告。

（8）智能制造与工业自动化

人工智能在制造业中应用广泛，能够提升生产效率、降低成本、提高产品质量。例如，通过人工智能控制的机器人可以完成重复、危险的工作；通过人工智能视觉检测系统可以实时检查产品质量，减少人为失误；通过人工智能分析设备的数据可以预测机器故障，从而提前进行维护，避免停机。

（9）自动驾驶

自动驾驶汽车通过计算机视觉技术识别道路标志、行人、其他车辆，确保行车安全。

（10）金融科技

人工智能在金融行业的应用，尤其是在数据分析、风控、客户服务等方面，正在改变传统金融模式。例如，人工智能根据市场数据和用户风险偏好，提供个性化的投资建议；通过分析个人或企业的金融历史、交易数据，帮助银行或金融机构评估信用风险；通过实时分析交易数据，识别异常行为，防止金融欺诈等。

（11）健康医疗

人工智能在医疗领域的应用正迅速发展，其可以辅助医生进行诊断、制定治疗方案和提高患者护理质量。例如，人工智能通过分析医学影像、基因数据等，帮助医生发现患者的潜在疾病；根据患者的历史病历、遗传数据，为患者提供定制化的治疗方案；帮助医生通过远程设备提供诊疗服务，提高医疗服务的可达性。

（12）无人机与机器人

无人机与机器人结合了人工智能技术，能够自主完成复杂任务。例如，无人机可以高效地完成包裹投递、实时监控农作物的生长状况并执行施肥、喷洒农药等任务；机器人可以在灾难现场快速获取信息，执行救援任务。

4. 人工智能的主要研究领域

机器学习（Machine Learning）、深度学习（Deep Learning）、计算机视觉（Computer Vision）和自然语言处理（Natural Language Processing，NLP）是人工智能的4个重要研究领域。

（1）机器学习

机器学习是人工智能的核心子领域之一，专注于通过算法让计算机从数据中自动学习，并进行预测或决策。机器学习是人工智能的基础，许多其他人工智能技术（包括深度学习、计算机视觉和自然语言处理）依赖于机器学习算法。

（2）深度学习

深度学习是机器学习的一个子领域，专注于利用多层神经网络（特别是卷积神经网络和循环神经网络等）从大量数据中自动学习复杂模式。深度学习在许多人工智能任务中取得了显著进展，尤其是在计算机视觉和自然语言处理等领域。

（3）计算机视觉

计算机视觉是人工智能的一个重要应用领域，旨在让计算机理解和分析图像或视频中的信息。计算机视频依赖于机器学习和深度学习技术（如卷积神经网络）来执行图像分类、物体检测、图像分割等任务。

（4）自然语言处理

自然语言处理是让计算机能够理解、生成人类语言以及与人类语言互动的技术领域。自然语言处理依赖于机器学习和深度学习，尤其是在文本分析、情感分析、机器翻译、语音识别等任务中，深度学习[如Transformer、BERT（Bidirectional Encoder Representation from Transformers）、GPT（Generative Pre-trained Transformer，生成式预训练变换器）等]已经成为主流技术。

（5）机器学习、深度学习、计算机视觉、自然语言处理之间的关系

机器学习是人工智能的基础学科，其为其他领域（如计算机视觉、自然语言处理）提供了理论和算法支持。

深度学习是机器学习的一个分支，特别擅长处理大规模数据集和复杂任务，推动了计算机视觉和自然语言处理的快速发展。

计算机视觉和自然语言处理是人工智能的两个重要应用领域，分别处理图像和文本数据，它们在现代人工智能系统中依赖于机器学习和深度学习技术。

5. 人工智能的主要算法

算法就是一套解决问题的步骤或规则，无论是做饭、旅行还是解决数学问题，都需要按照一定的步骤来进行，而算法就是这些步骤的集合。人工智能的主要算法可以根据不同的研究领域进行分类。

（1）机器学习算法

机器学习是人工智能的核心部分，旨在通过数据驱动的方式使机器从经验中学习和进行预测。常见的机器学习算法如下。

① 线性回归：用于预测连续的数值变量。

② 逻辑回归：用于解决二分类问题（如垃圾邮件分类）。

③ 决策树：通过分裂特征进行决策，适用于分类和回归任务。

④ 支持向量机（Support Vector Machine，SVM）：通过最大化分类间隔来做出分类决策，适用于复杂的分类任务。

⑤ k 近邻算法（k-Nearest Neighbor，kNN）：根据与训练数据的距离进行预测，常用于分类和回归任务。

⑥ 随机森林：基于多个决策树集成的算法，用于提高预测的准确性。

⑦ 朴素贝叶斯：基于贝叶斯定理进行分类，适用于文本分类等任务。

（2）深度学习算法

深度学习是机器学习的一个子领域，使用神经网络，尤其是深层神经网络来解决复杂问题。常见的深度学习算法如下。

① 卷积神经网络（Convolutional Neural Network，CNN）：广泛应用于计算机视觉任务，如图像分类、物体检测等。

② 循环神经网络（Recurrent Neural Network，RNN）：处理序列数据（如时间序列预测、语音识别）。

③ 长短期记忆（Long Short-Term Memory，LSTM）网络：一种特殊的 RNN，能够处理长期依赖问题，适用于语音识别、机器翻译等任务。

④ 生成对抗网络（Generative Adversarial Network，GAN）：一种深度学习模型，由生成器和判别器两个神经网络组成，生成器负责生成假的数据，判别器负责判断数据是真实的还是生成的。两者通过对抗训练的方式不断优化，最终生成非常接近真实数据的样本。GAN 广泛应用于图像生成、图像超分辨率、风格迁移等领域。

⑤ 自编码器（Autoencoder）：用于数据降维、去噪和生成任务。

（3）计算机视觉算法

计算机视觉算法使计算机能够"看"并理解图像或视频。常见的计算机视觉算法如下。

① 边缘检测算法（如 Canny）：用于图像中的边缘提取。

② 目标检测（如 YOLO、Faster R-CNN）：检测图像中的特定对象，并进行定位。

③ 图像分割（如 U-Net、FCN）：将图像划分为多个有意义的区域。

（4）自然语言处理算法

自然语言处理算法使机器能够理解和生成人类语言，常见的自然语言处理算法如下。

① 词袋（Bag of Words，BoW）：通过统计文本中词汇的频率来表示文本。

② 词频-逆文档频率（Term Frequency-Inverse Document Frequency，TF-IDF）：通过计算词频与逆文档频率来衡量词语的重要性。

③ Word2Vec：将词转换为稠密向量，捕捉词与词之间的语义关系。

6. 常用的深度学习框架

深度学习是目前使用广泛的人工智能技术之一，其在许多领域的研究取得了显著突破，特别是在计算机视觉、语音识别、自然语言处理、自动驾驶、推荐系统等领域。

深度学习框架是构建、训练和部署深度神经网络的工具和库，其简化了模型开发和计算过程，提供了高效的计算、自动微分、数据处理和硬件加速等功能，使开发者能够更高效地实现深度学习算法。常用的深度学习框架有以下几种。

（1）TensorFlow

特点：开源、跨平台，支持深度学习的各个方面，包括构建神经网络、训练模型、推理模型、优化模型等。

用途：广泛应用于图像处理、自然语言处理、推荐系统等领域。

优点：高效的分布式训练、良好的部署支持、强大的生态系统。

（2）PyTorch

特点：开源，支持动态计算图，使得模型开发过程更加灵活和易于调试，用于图像处理、音频处理等。

用途：在学术研究中非常流行，尤其是在计算机视觉、自然语言处理等领域。

优点：良好的社区支持，支持动态图和静态图的混合使用。

（3）MXNet

特点：支持灵活的计算图，支持深度学习训练的分布式计算，特别适合大规模分布式深度学习。

用途：主要应用于语音识别、图像处理、自然语言处理等领域。

优点：强大的分布式训练支持，灵活的编程接口，适合处理大规模的数据集。

其中，TensorFlow 和 PyTorch 适合大多数应用场景。PyTorch 在学术界有很强的影响力；而 TensorFlow 则广泛应用于工业界，尤其在大规模部署中表现出色。

7. 算法、模型和框架之间的关系

算法是"做事的方法"，模型是通过算法训练得到的"结果"，而框架则是让用户更高效、更方便地完成任务的工具。下面通过训练一个人工智能模型识别猫和狗的图片来说明它们之间的关系。

算法：用户使用一种叫作"卷积神经网络"的算法，其会告诉计算机如何分析图片的特征，如边缘、颜色等。

模型：用户通过该算法训练一个模型，该模型最终能判断一张图片是猫的图片还是狗的图片。

框架：用户使用 TensorFlow 框架，其提供了卷积神经网络的实现、训练工具和评估方法，帮助用户快速搭建和训练模型。

1.1.3 调查人工智能在生活中的应用

1. 调查任务和目的

（1）调查任务

人工智能在现实生活中的应用。

（2）调查目的

通过调查和分析，了解人工智能技术在不同领域的实际应用，探索其对现代社会的影响和其发展潜力。通过查阅资料、采访专家等方法，进一步了解人工智能在日常生活中的作用，以深入理解人工智能技术的前景、原理和面对的挑战。

2. 具体任务要求

（1）任务背景

人工智能已经渗透到人们生活的方方面面，从智能手机到自动驾驶汽车，再到医疗诊断和金融服务。作为一名大一新生，了解人工智能技术在不同领域的应用是非常重要的。

（2）调查内容

① 选择应用领域：选择一个或多个人工智能技术应用的领域（如医疗、金融、教育、交通、娱乐、零售、农业、安防等）。

② 研究应用实例：调查该领域内人工智能的具体应用，可以选择具体的产品、服务或技术，如语音助手、自动驾驶汽车、推荐系统等。

（3）调查目标

① 分析影响：分析人工智能在该领域的影响。人工智能如何提高效率、降低成本，或者改变传统行业的工作方式，还可以探讨这些技术带来的挑战和问题，如隐私安全、伦理问题等。

② 未来发展：根据调查，提出对该领域未来人工智能技术发展的预测或建议并进行分析。

（4）任务步骤

第1步：选择感兴趣的领域（如医疗、教育、交通等），并挑选一个或多个人工智能应用作为研究对象。

第2步：通过互联网、学术资源、新闻报道等渠道，收集有关该领域人工智能应用的资料。也可以访问相关网站，阅读产品介绍，观看视频演示，或者采访专业人士（如教师、行业专家等）进行资料收集。

第3步：撰写调查报告。

（5）报告内容

① 引言：介绍人工智能及其在现实生活中的重要性。

② 应用实例：详细描述选定的人工智能应用实例，包括其工作原理、实际效果等。

③ 分析与讨论：分析人工智能在该领域的作用与影响，并讨论其可能带来的挑战或问题。

④ 结论与未来展望：总结调查成果，并提出该领域未来人工智能技术可能的发展方向或应用趋势。

（6）报告格式

① 字数要求：1500～2000字。

② 格式要求：Word文档或PDF文档，标题清晰，分段合理，逻辑清晰。

③ 引用要求：注明所引用的参考文献或资料来源。

3. 评价标准

（1）内容全面性

报告是否对人工智能的实际应用进行了深入的调查，是否涵盖了应用实例、分析及未来展望。

（2）分析深度

报告对人工智能应用的影响和挑战的分析是否充分，是否在社会层面展示了对技术的理解。

（3）结构与表达

报告结构是否清晰、逻辑是否严谨、语言是否简洁易懂。

（4）创新性

报告对人工智能技术未来发展趋势的预测是否具有创新性，提出的见解是否有价值。

任务1-2 大语言模型概述

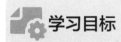

学习目标

知识目标

- 掌握大语言模型的应用场景。
- 掌握大语言模型的发展历程。

技能目标
- 能够访问和使用国内常用的大语言模型。
- 能够根据需要使用特定的大语言模型。

素养目标
- 培养搜索信息和解决问题的能力。
- 培养根据实际需求解决实际问题的能力。

1.2.1 任务描述

王红参加了人工智能社团的纳新活动，她表现优秀并成功加入社团。为了让学生们熟悉国内大语言模型（Large Language Model, LLM）的使用方法，社长要求王红在全校范围内开展一次国内大语言模型的使用培训，确保大家能够根据不同的需求选择使用不同的大语言模型，提升学习和办公效率。

1.2.2 必备知识

1. 大语言模型的应用场景

大语言模型是一种基于深度学习技术的模型，能够理解、生成和处理人类语言。大语言模型通过大量的文本数据进行训练，学习语言的结构、词汇、语法和语义，从而在处理自然语言任务时表现优异。

大语言模型的训练过程非常复杂，通常需要大量的计算资源和时间。训练时，模型通过不断地优化参数，能够准确地理解和预测文本内容。

大语言模型的应用场景涵盖了绝大多数行业，其通过理解和生成自然语言，帮助用户提高效率、优化服务，甚至创造新的可能性。从日常的聊天助手到专业领域的技术支持，大语言模型的应用潜力巨大，正在不断改变人们与技术互动的方式。大语言模型的具体应用场景如下。

（1）智能客服

现在很多公司使用大语言模型来提供自动化的客服服务。通过训练大语言模型，系统能够理解客户的问题并提供相关的回答，减少了人工客服的工作量，如用户在网上购物遇到问题，询问客服时通常会遇到自动回复的机器人，其能帮助用户查询订单、退换货或解答常见问题。

（2）内容生成

大语言模型能根据给定的主题或关键词自动生成新闻报道、博客、广告文案等内容，如用户要写一篇关于科技的文章，或者生成社交媒体上的帖子，甚至创作短篇小说，都可以借助大语言模型。

（3）翻译和语言转换

大语言模型能够进行高质量的自动翻译，不仅仅是将单词从一种语言翻译到另一种语言，还能理解不同语言的语法、语境和文化差异。

（4）写作助手

大语言模型可以帮助用户写作，包括提供写作建议、修正语法错误、提出创意点、改进文章的结构和提高文章的流畅度。

（5）编程助手

大语言模型能够帮助程序开发人员编写代码，解决编程问题，或者根据描述自动生成代码。这大大提高了编程效率，尤其是对于编程初学者。

（6）虚拟助手

虚拟助手利用大语言模型来进行语音识别和处理。这些虚拟助手能够理解用户的语音命令，并根据需要提供天气预报播报、定闹钟、播放音乐等服务。

（7）个性化推荐系统

大语言模型还被用于推荐系统中，根据用户的兴趣和历史记录，提供个性化的产品、电影、图书等推荐。

（8）医学和健康管理

大语言模型能够帮助医生进行疾病诊断、分析医学文献，甚至在某些健康咨询方面提供建议。例如，用户询问某种症状时，大语言模型能根据症状给出初步的判断，并建议用户就医或向用户提供可采取的措施。

（9）法律和合同分析

大语言模型能够帮助律师分析合同、法律文件，快速提取关键信息，甚至提供法律建议。例如，律师可以使用大语言模型快速查找和分析复杂的法律文献。

（10）教育和学习辅导

大语言模型可以作为个性化的学习辅导工具，帮助学生理解复杂的概念，提供额外的学习资源。例如，学习数学时，大语言模型可以帮助学生解决某个数学难题。

2. 大语言模型的发展历程

从最初的规则基础模型到今天的 GPT、DeepSeek 等大语言模型，人工智能在自然语言处理方面经历了快速的技术革新。

（1）早期的自然语言处理

① 最初的尝试（20 世纪 50 年代）。20 世纪 50 年代，人工智能领域的先驱们开始尝试让计算机理解和生成自然语言。早期的自然语言处理技术依赖于基于规则的系统，计算机通过程序开发人员编写的规则来处理语言。然而，这种方法能处理的问题非常有限，因为人类语言复杂多变，难以用简单的规则完全表示。

② 关键词匹配（20 世纪 60—80 年代初）。这一时期，计算机只能通过简单的关键词匹配来进行对话，但无法理解句子的真正含义。

（2）统计语言模型（20 世纪 90 年代）

① 转折点。到了 20 世纪 90 年代，随着计算能力的提升和数据的积累，研究人员开始采用统计方法，通过分析大量的文本数据来训练模型。这一时期，统计语言模型（如 n-gram 模型）应运而生。

② n-gram 模型。n-gram 模型是一种基于统计的模型，其通过计算"前 n 个词出现的概率"来预测下一个词。尽管统计语言模型比早期的规则模型表现得更好，但它们仍然难以处理语言中的复杂语法和语义。

（3）神经网络的引入（21 世纪初）

① 神经网络的崛起。进入 21 世纪后，人工智能研究者开始借助更复杂的神经网络模型，尤其是深度学习模型来处理语言。深度学习模型能够通过多层的神经网络捕捉到更复杂的语言模式和特征。

② 词向量（Word Embeddings）。21 世纪 00 年代中期，研究者开发了词向量（如 Word2Vec）技术。词向量技术将每个词转换为一个高维的数字向量，使得计算机能够捕捉到词语之间的语义关系。例如，"狗"和"猫"这两个词在向量空间中会相对接近。

（4）转折点：深度学习与预训练模型的结合（21 世纪 10 年代）

① 深度学习的突破。到了 21 世纪 10 年代，深度学习技术得到了极大的发展。研究者发现，通过训练具有多层神经网络的大规模模型，计算机能够捕捉到更复杂的语言结构和语义。

② 预训练-微调。这一时期的一个重要创新是预训练-微调方式，模型首先通过大量无标签的文本数据进行"预训练"，学习到语言的基本知识；然后通过有标签的数据进行"微调"，以完成特定任务。

（5）大语言模型的崛起（2018 年以后）

① Transformer 模型。2017 年，谷歌公司提出了一个名为 Transformer 的模型架构，标志着大语言模型的新时代开启。Transformer 模型可以更高效地处理文本数据，并且支持并行计算，从而大大加快了训练速度。

② GPT 系列（2018 年至今）。基于 Transformer 架构，OpenAI 公司推出了 GPT 系列模

型。GPT-1（2018 年）是第一个采用预训练-微调方式的大语言模型，其展示出了强大的文本生成能力。

③ GPT-2 和 GPT-3。GPT-2（2019 年）和 GPT-3（2020 年）模型的规模急剧扩大，GPT-3 拥有 1750 亿个参数。随着模型规模的扩大，它们能够生成更自然、更流畅的文本，并且推理能力越来越强，能够回答各种复杂的问题、写文章、生成代码等。

④ GPT-4。2023 年，OpenAI 公司发布了 GPT-4，进一步增强了模型的理解和生成能力，尤其是在复杂推理和多模态（文本与图像结合）任务上表现出色。GPT-4 能应用在更多的领域，涵盖了更广泛的知识。

⑤ DeepSeek。2025 年 1 月，杭州深度求索人工智能基础技术研究有限公司发布了 DeepSeek-R1 模型，大幅降低了大语言模型的训练成本。

（6）未来展望

除了文字之外，大语言模型还将能理解和生成图像、声音等多种模态的信息。GPT-4 和 DeepSeek 已具备图像识别和生成能力，正在更多领域（如虚拟现实、机器人、医疗诊断等）得到广泛应用。

随着技术的不断进步，如何让这些强大的大语言模型更安全、透明且被正确使用，成为当前人工智能研究的一个重要方向。

1.2.3 使用常见的大语言模型

1. 文心一言

文心一言是由百度在线网络技术（北京）有限公司推出的大语言模型产品。打开浏览器，访问文心一言官网，进入首页后，单击"立即登录"按钮，如图 1-2 所示。登录成功后的页面如图 1-3 所示。

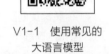

V1-1 使用常见的大语言模型

图 1-2 文心一言首页

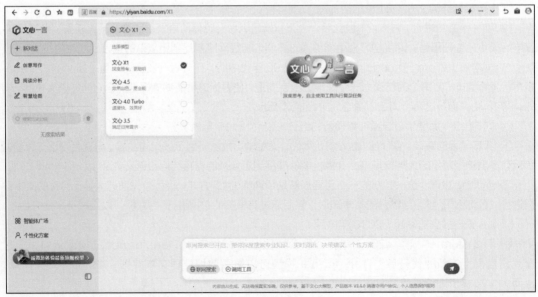

图 1-3 成功登录文心一言

选择模型的版本（文心 X1、文心 4.5、文心 4.0 Turbo、文心 3.5），在文本框中输入问题进行提问。文心一言大语言模型的优缺点及适用场景如下。

（1）优点

① 中文处理能力强：文心一言在中文语境下的表现尤为出色，能够处理复杂的中文句子。

② 跨领域应用：支持金融、医疗、法律等多个行业的垂直应用，适应性强。

③ 多模态支持：除了文本生成之外，文心一言还支持图片、音频等多模态数据的处理。

（2）缺点

精度和灵活性：虽然文心一言在中文上有很强的表现力，但其对一些复杂或专业领域问题的理解和回答不如专业领域的模型。

（3）适用场景

① 中文语境下的对话生成：适用于用户的项目涉及中文对话生成、智能客服或情感分析等场景。

② 多模态应用：适用于用户需要处理图像、文本等多模态数据的场景。

③ 跨行业应用：对于金融、法律、医疗等专业领域的定制化应用，文心一言有较好的行业适配性。

2. 通义千问

通义千问是由阿里巴巴（中国）网络技术有限公司推出的大语言模型产品。打开浏览器，访问通义千问官网，其首页如图 1-4 所示。

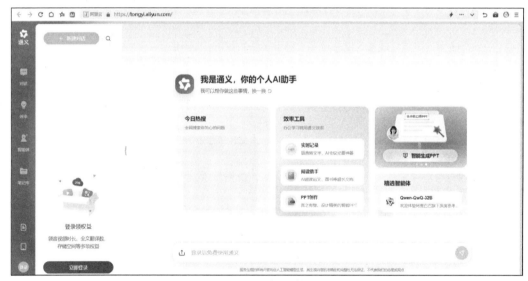

图 1-4　通义千问首页

单击页面左下方的"立即登录"按钮，使用手机号和验证码或者支付宝方式登录，登录成功后页面如图 1-5 所示。

在问题文本框处可以向通义千问提问。通义千问的优缺点及适用场景如下。

（1）优点

① 与阿里云生态结合：深度融入阿里云的人工智能、云计算等生态，可以方便地进行大规模企业级应用部署。

② 多领域支持：支持多个行业应用，如电商、金融、客服等，能够进行知识图谱、智能客服等领域的深度应用。

（2）缺点

① 中文表现优于英文：虽然通义千问支持多语言，但其在英文和其他外语的表现上不如一些国外的模型。

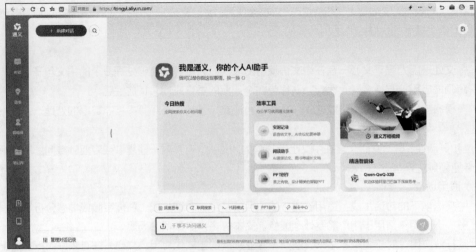

图1-5　成功登录通义千问

② 成本较高：若要大规模使用或定制服务，成本较高。

（3）适用场景

① 电商和在线服务：通义千问与阿里云生态深度结合，适合电商平台、在线服务、广告推送提供商使用。

② 企业级应用：需要大规模定制化服务、行业解决方案的企业用户，可以通过通义千问的开放平台进行深度集成。

3. 豆包

豆包是由北京字节跳动科技有限公司推出的大语言模型产品。打开浏览器，访问豆包官网，其首页如图1-6所示。

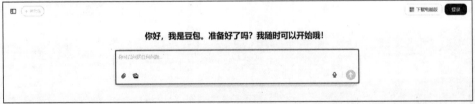

图1-6　豆包首页

单击页面右上角的"登录"按钮，使用手机号和验证码登录，登录成功后页面如图1-7所示。

图1-7　成功登录豆包

成功登录豆包后，用户不但可以提问，还可以使用"AI 搜索""帮我写作""图像生成"等功能。豆包的优缺点及适用场景如下。

（1）优点

轻量化设计、响应速度快、娱乐向内容（如剧本、对话）生成能力强、支持多角色互动和个性化设定。

（2）缺点

专业领域知识深度不足、长文本生成易碎片化。

（3）适用场景

社交媒体内容（如短视频脚本、文案）创作、休闲娱乐（如角色扮演、故事生成）、日常聊天。

4. 讯飞星火

讯飞星火是由科大讯飞股份有限公司推出的大语言模型。访问讯飞星火官网，其登录页面如图 1-8 所示。

图 1-8　讯飞星火登录页面

使用手机号和验证码注册并登录讯飞星火，进入首页，如图 1-9 所示。

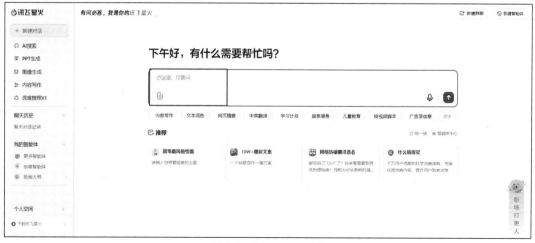

图 1-9　成功登录讯飞星火

登录讯飞星火后，用户可以在问题文本框中进行提问，也可以使用"AI搜索""PPT生成"等功能。讯飞星火的优缺点及适用场景如下。

（1）优点

语音交互能力（结合讯飞语音技术）国内领先、在教育领域（如试题解析、多语言翻译）表现突出。

（2）缺点

生成内容深度不足、长文本易偏离主题、处理复杂任务（如代码生成）的能力较弱。

（3）适用场景

教育辅导（如口语练习、作业批改）、会议记录转写与总结、多语言翻译（支持小语种）。

5. Kimi

Kimi是由北京月之暗面科技有限公司（Moonshot AI）开发的大语言模型，全称为Kimi Chat（中文名为"Kimi智能助手"）。Kimi是国内首个支持20万个汉字超长上下文窗口的大语言模型，专注于长文本理解与生成。访问Kimi官网，其首页如图1-10所示。

图1-10　Kimi首页

用户无须登录，即可以在首页直接提问，也可以使用左侧导航栏中的各项功能，Kimi的优缺点和适用场景如下。

（1）优点

① 超长上下文处理：支持单次输入20万个汉字（约30万个英文词），远超多数大语言模型的上下文限制。

② 多格式文件解析：可直接上传PDF、Word、Excel、图片等文件进行内容提取、总结或问答。

③ 信息检索能力强：结合搜索引擎实时获取最新信息，解决了大语言模型数据更新滞后的问题。

④ 逻辑清晰的长文本生成：擅长生成结构化长内容（如报告、论文、分析文档）。

（2）缺点

① 复杂推理能力较弱：处理数学问题、代码等逻辑密集型任务时表现一般。

② 生成多样性不足：回答风格偏理性，在娱乐或创意内容生成方面能力有限。

③ 商业化功能限制：部分高级功能[如应用程序接口调用（Application Program Interface，API）调用]需企业级合作。

（3）适用场景

① 长文档分析：法律合同、学术论文、财报的摘要与关键信息提取。

② 多文件交叉比对：从多个文件中整合信息（如竞品分析、行业研究）。

③ 实时信息整合：结合搜索结果生成时效性内容（如热点事件解读）。

④ 个人知识管理：对个人笔记、图书内容等进行知识库构建与问答。

6. DeepSeek

DeepSeek 是杭州深度求索人工智能基础技术研究有限公司推出的一款优秀大语言模型，具备很强的逻辑推理能力，在解决数学问题和编程问题方面表现尤为出色，后续项目将深入介绍 DeepSeek 大语言模型的使用。

项目小结

本项目的任务1-1中讲解了人工智能的定义、发展历程、应用场景、主要研究领域，以及常用的深度学习框架等内容，布置了"调查人工智能在生活中的应用"任务；任务1-2介绍了大语言模型的应用场景、发展历程，以及常见的大语言模型的使用方法。

练习与思考

1. 选择题

（1）人工智能是指通过模拟人类的（　　）行为，使机器能够感知、理解、学习、推理和决策，从而解决问题的技术和系统。

　　A. 智力　　　　　B. 智能　　　　　　C. 感知　　　　　D. 评价

（2）（　　）标志着人工智能作为一个独立学科诞生。

　　A. 达特茅斯会议　　　　　　　　　B. 图灵测试

　　C. 深蓝战胜卡斯帕罗夫　　　　　　D. AlphaGo 战胜李世石

（3）（　　）使计算机能够通过经验数据进行自我学习，而不完全依赖人工编程。

　　A. 专家系统　　　B. 机器学习　　　C. 符号推理　　　D. 自动驾驶

（4）机器学习、深度学习、计算机（　　）和自然语言处理是人工智能的 4 个主要研究领域。

　　A. 网络　　　　　B. 存储　　　　　C. 文本　　　　　D. 视觉

（5）在下列应用中，（　　）是大语言模型的应用场景。

　　A. 自动驾驶　　　B. 智能客服　　　C. 机器人　　　　D. 医学影像分析

2. 填空题

（1）人工智能是指通过模拟_____来完成任务的计算机系统或机器。

（2）人工智能的一个重要研究领域是_____，其使机器能理解和生成自然语言。

（3）_____系统模拟专家的推理过程，广泛应用于医学诊断、工程设计等领域。

（4）2016 年，谷歌公司的_____战胜了围棋世界冠军李世石，标志着人工智能在复杂决策中的突破。

（5）2017 年，谷歌公司提出了一个名为_____的模型架构，标志着大语言模型的新时代开启。

3. 简答题

（1）简述人工智能的发展历程。

（2）简述大语言模型的发展历程。

项目 **2**

DeepSeek大语言模型
实战入门

项目描述

当杭州深度求索人工智能基础技术研究有限公司发布DeepSeek大语言模型并宣布其开源后，掀起了全民使用DeepSeek的热潮。使用大语言模型，可以快速提升企业和个人的办公效率。社长要求王红注册并使用DeepSeek大语言模型、接入DeepSeek API服务、熟悉提示词的各种使用技巧。

项目2任务思维导图如图2-1所示。

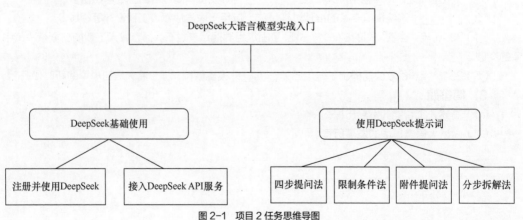

图2-1 项目2任务思维导图

任务 2-1 DeepSeek 基础使用

学习目标

知识目标

- 了解 DeepSeek 大语言模型。
- 掌握 DeepSeek 大语言模型的应用场景。

技能目标

- 能够注册并使用网页版 DeepSeek。
- 能够使用 Chatbox 并连接 DeepSeek API 服务。

素养目标

- 增强对国产大语言模型的理解，培养爱国主义情怀。
- 理解事物之间的相互关系和相互作用。

2.1.1　任务描述

人工智能社团决定使用 DeepSeek 大语言模型全面改造社团的业务，以提升办公效率。社长要求王红注册并使用网页版 DeepSeek 大语言模型，在本地部署 Chatbox 工具，连接 DeepSeek 官方 API 服务，同时能够连接第三方平台部署的 DeepSeek API 服务。

2.1.2　必备知识

1. DeepSeek 大语言模型简介

（1）DeepSeek 大语言模型

DeepSeek 是杭州深度求索人工智能基础技术研究有限公司推出的大语言模型（该公司推出的大语言模型全部开源），模型核心架构依托 Transformer 深度学习模型，结合了混合专家（Mixture of Expert，MoE）和多头注意力（Multi-Head Attention）机制等先进的深度学习技术。DeepSeek 能够从海量数据中学习复杂的语言模式，实现文本生成、代码理解、数学推理等功能。

（2）DeepSeek 版本

DeepSeek 大语言模型主要包括 V3 和 R1 两个版本，分别介绍如下。

① DeepSeek-V3 模型（聊天模型）。

DeepSeek-V3 模型对标 OpenAI 的 GPT-4o，属于 L1 级别的聊天机器人。该模型采用混合专家架构，主要面向自然语言处理任务，旨在提供高效、可扩展的解决方案。其广泛的应用涵盖了客户服务、文本摘要、内容生成等多个领域。

DeepSeek-V3 模型属于非推理模型，一般侧重于语言生成、上下文理解和自然语言处理。非推理模型通常通过对大量文本数据的训练，掌握语言规律并能够生成合适的内容，但缺乏像推理模型那样复杂的推理和决策能力。

② DeepSeek-R1 模型（推理模型）。

DeepSeek-R1 模型对标 OpenAI o1，属于 L2 级别的推理优化模型产品，专注于高级推理任务，并可以利用强化学习技术来提升推理能力。该模型特别适用于涉及逻辑推理和问题求解的应用场景，其在传统的大语言模型的基础上强化了推理、逻辑分析和决策能力，通过额外技术（如强化学习、神经符号推理、元学习等）增强其推理和问题解决能力。

（3）模型参数

模型参数是机器学习和深度学习模型中的一些"调节钮"，能帮助模型更好地理解数据和做出预测。

可以把它们想象成一个乐器的音调调节钮，只有调得合适，乐器才能发出正确的声音。

假设用户在训练一个识别垃圾邮件的模型，模型的输入是邮件中是否包含特定关键词（如"免费""中奖"）、发件人地址、链接数量等信息，输出是判断该邮件为垃圾邮件的概率。模型参数就是在训练过程中自动调整的数值，帮助模型确定各个特征的重要性。例如，如果包含"中奖"这个词的邮件大概率是垃圾邮件，模型就会学习到一个较大的权重参数赋予这个特征；而某些普通词汇可能影响较小，对应的参数值也会较小。模型会根据大量已标记的邮件数据，不断自动调整这些参数，直到能够准确地区分出垃圾邮件和正常邮件。

DeepSeek 在开源社区公布了 DeepSeek-R1-Zero 和 DeepSeek-R1 两个拥有 660B（B 代表 10 亿）个参数的模型，大家经常看到的满血版模型指的就是拥有 660B 个参数的模型。DeepSeek 同时通过 DeepSeek-R1 的输出，蒸馏（一种模型训练方法）了 6 个小模型并开源给社区使用，这些模型的名称和参数个数如图 2-2 所示。

| DeepSeek-R1-Distill-Qwen-1.5B |
| DeepSeek-R1-Distill-Qwen-7B |
| DeepSeek-R1-Distill-Qwen-14B |
| DeepSeek-R1-Distill-Qwen-32B |
| DeepSeek-R1-Distill-Llama-8B |
| DeepSeek-R1-Distill-Llama-70B |

图 2-2　DeepSeek 蒸馏的模型的名称及参数个数

图 2-2 中，1.5B、7B、14B、32B、8B、70B 是模型的参数个数，前面是模型的名称。参数个数越多的模型，其能力越强，需要的服务器资源越多。

2. DeepSeek 大语言模型的能力图谱

DeepSeek 大语言模型直接面向用户，同时支持开发者模式，提供了智能对话、文本生成、语义理解、计算推理、代码生成与补全等功能，支持联网搜索与深度思考模式，同时支持文件上传，能够扫描读取各类文件及图片中的文字内容。其能力图谱如图 2-3 所示。

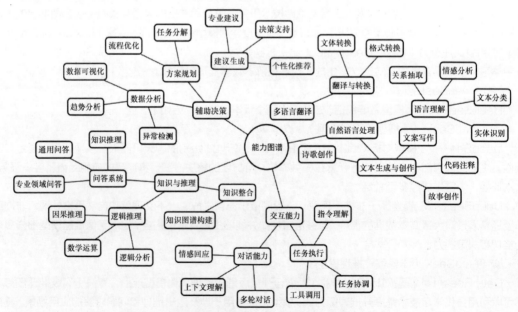

图 2-3　DeepSeek 大语言模型的能力图谱

3. DeepSeek 大语言模型的技术优势

DeepSeek 大语言模型在训练过程中使用了混合专家和多头注意力机制，从而能够更加高效地处理不同类型的任务，同时提升了模型的性能和推理速度。

（1）混合专家

混合专家是一种让模型在不同的任务中灵活选择不同"专家"的方法。每个专家在某个特定任务上表现最好，而混合专家模型会根据输入的情况来决定哪个专家最适合处理当前任务。

例如，当模型回答问题时，有些问题涉及数学，有些问题涉及历史。混合专家模型会根据问题的类型，选择一个擅长数学的专家来回答数学问题，选择一个擅长历史的专家来回答历史问题，这样可以提高效率和准确性。

（2）多头注意力机制

多头注意力机制可以让模型在处理信息时同时关注多个地方。当模型阅读一篇文章时，其会同时注意到文章的不同部分，从而更好地理解文章的整体含义；在翻译文章时，模型可以同时关注句子的不同部分，从而进行更流畅的翻译。

微课

V2-1　注册并使用
DeepSeek

19

2.1.3　注册并使用 DeepSeek

1. 注册 DeepSeek 账号

打开浏览器，访问 DeepSeek 官网，如图 2-4 所示。

图 2-4　访问 DeepSeek 官网

单击"开始对话"，进入图 2-5 所示的页面。

图 2-5　DeepSeek 登录页面

从图 2-5 中可以发现，用户可以通过手机号和验证码方式登录，也可以通过账号和密码方式登录。选择"密码登录"方式，进入图 2-6 所示的页面。

单击"立即注册"超链接，进入图 2-7 所示的页面。

图 2-6　选择"密码登录"方式

图 2-7　DeepSeek 账号注册页面

输入手机号，输入两次密码，获取并输入验证码，单击"注册"按钮，即可成功注册 DeepSeek 账号。

2. 使用 DeepSeek

（1）DeepSeek 首页功能简介

在 DeepSeek 登录页面使用账号和密码方式或者微信扫码方式登录 DeepSeek，进入 DeepSeek 首页，如图 2-8 所示。

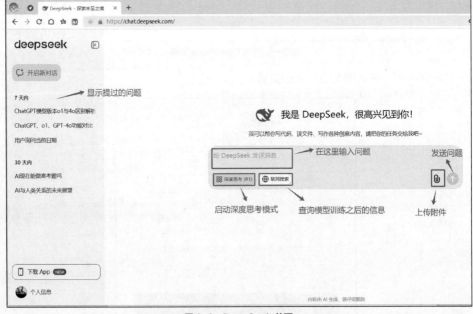

图 2-8　DeepSeek 首页

在 DeepSeek 首页，可以在"给 DeepSeek 发送消息"处输入要查询的问题，单击"深度思考（R1）"按钮，会启动 DeepSeek 的 R1 模型，否则使用的是 V3 模型。

单击"上传附件"按钮，可以将文档和图片上传给 DeepSeek，DeepSeek 会帮助用户分析附件内容。输入完问题后，单击右下方的箭头按钮或者按 Enter 键，可以将问题发送给 DeepSeek。

当需要查询 DeepSeek 模型训练时间之后的信息时，单击"联网搜索"按钮，DeepSeek 会通过上网方式查询相关信息。

（2）输入具体问题

在"给 DeepSeek 发送消息"处输入"你会编写程序吗"，不使用"深度思考（R1）"模式，按 Enter 键，DeepSeek 给出的回答如图 2-9 所示。

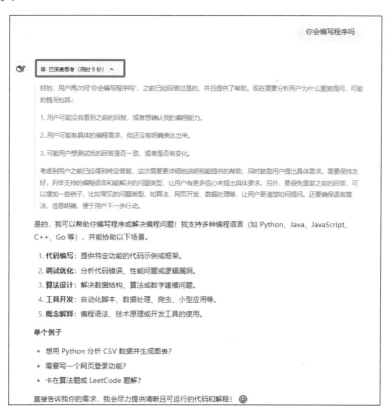

图 2-9　不使用"深度思考（R1）"模式

再次输入"你会编写程序吗"，使用"深度思考（R1）"模式，按 Enter 键，DeepSeek 的回答如图 2-10 所示。

图 2-10　使用"深度思考（R1）"模式

通过回答内容可以发现，DeepSeek 深度思考了 9 秒，然后给出了比较详细完整的回答。所以，当用户询问相对复杂和需要推理的问题或者想获得相对具体和全面的回答时，可以使用"深度思考（R1）"模式。

以上介绍了如何使用网页版 DeepSeek。对于 DeepSeek App，只需要在应用商店下载 DeepSeek App，安装并登录后即可使用，其使用方法和网页版 DeepSeek 相同。

2.1.4 接入 DeepSeek API 服务

1. 创建 API key

当用户需要将自己的应用接入 DeepSeek 时，可以通过 DeepSeek 提供的 API 服务接入 DeepSeek，这样就可以将 DeepSeek 功能嵌入相关软件或自己开发的应用上。注意，使用这种功能是需要付费的。

V2-2 接入 DeepSeek API 服务

打开浏览器，访问 https://api-docs.deepseek.com/zh-cn/，打开 DeepSeek API 文档页面，如图 2-11 所示。

图 2-11 访问 DeepSeek API 文档页面

可以看到 API 调用的地址为 https://api.deepseek.com，当接入 API 服务时，需要提供 api_key（密钥）。

单击页面右上角的"DeepSeek Platform"，登录后进入 DeepSeek 开放平台（也可以在 DeepSeek 首页单击"API 开放平台"，进入 DeepSeek 开放平台），如图 2-12 所示。

图 2-12 DeepSeek 开放平台

单击左侧导航栏中的"API keys",进入 API keys 页面,单击"创建 API key"按钮,在弹出的"创建 API key"对话框中输入名称"test"(名称任意),单击"创建"按钮,如图 2-13 所示。

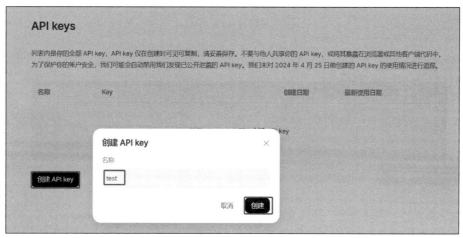

图 2-13 创建名称为"test"的 API key

这时,会弹出创建的 API key,必须要复制 API key 的值 sk-97050ed××××××××××××× aaa9dee41b,因为一旦关闭对话框,就无法再次查看。单击"复制"按钮,将 API key 保存到自己的文件中,如图 2-14 所示。

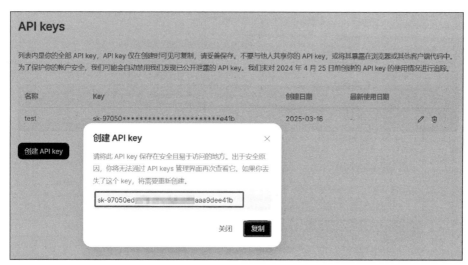

图 2-14 复制并保存创建的 API key

从图 2-14 中可以看到,名称为"test"的 API key 的创建时间为"2025-03-16"。

2. Chatbox 工具连接 DeepSeek API 服务

(1)下载并安装 Chatbox

Chatbox 是一款提供了连接 DeepSeek API 服务的工具,访问 Chatbox 官网,如图 2-15 所示。单击"免费下载(for Windows)"按钮,将 Chatbox 下载到本地。

下载完成后,安装 Chatbox 工具,其安装过程非常简单,持续单击"下一步"按钮即可,这里不进行详述。

(2)连接 DeepSeek API 服务

安装完成后,启动 Chatbox 工具,弹出配置模型的对话框,如图 2-16 所示。

图 2-15　访问 Chatbox 官网

单击"使用自己的 API Key 或本地模型"，在弹出的"选择并配置 AI 模型提供方"对话框中选择
"DeepSeek API"选项，如图 2-17 所示。

图 2-16　配置模型的对话框　　　　　图 2-17　选择"DeepSeek API"选项

在"设置"界面中选择"模型"选项卡，"模型提供方"选择"DEEPSEEK API"，在"API 密钥"
文本框中输入前面创建的 API key，内容为 sk-97050ed×××××××××××××aaa9dee41b，选择
"deepseek-reasoner"模型，单击"保存"按钮，如图 2-18 所示。

需要说明的是，"模型"下拉列表中提供了 3 种模型。其中，deepseek-chat 是 DeepSeek-V3 模
型；deepseek-coder 擅长编写程序；deepseek-reasoner 即 DeepSeek-R1 模型，擅长推理，
如图 2-19 所示。

图 2-18　配置模型

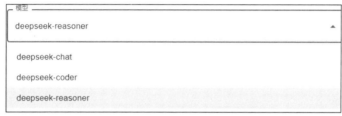

图 2-19　"模型"下拉列表提供的 3 种模型

　　在"高级"选项组中可以设置"上下文的消息数量上限"和"严谨与想象（Temperature）"，如图 2-20 所示。

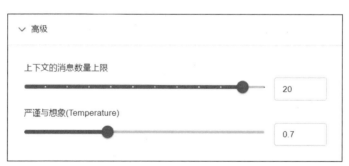

图 2-20　设置连接模型的高级选项

　　"上下文的消息数量上限"（范围是 0 到无上限）可以理解为"聊天记录的内存条容量"。当与 DeepSeek 聊天时，其最多只能记住最近 20 条对话内容（包括用户发的消息和 DeepSeek 的回答），限制上下文消息数量可以防止 DeepSeek 被太多旧信息干扰，同时节省计算资源。

　　"严谨与想象（Temperature）"（范围是 0～2）是控制 DeepSeek"脑洞大小"的开关，当接近 0 时，DeepSeek 的回答严谨、保守、准确，但相对枯燥。例如，提问"天空颜色"，DeepSeek 只会回答"蓝色"。该值越大，表示 DeepSeek 的想象力越丰富，回答更天马行空。例如，当其值是 2 时，同样问"天空颜色"，DeepSeek 会回答"清晨是淡蓝，黄昏是橘红，雨后还有彩虹"。图 2-21 所示是官方给用户的设置建议，这里采用默认设置即可。

场景	温度
代码生成/数学解题	0.0
数据抽取/分析	1.0
通用对话	1.3
翻译	1.3
创意类写作/诗歌创作	1.5

图 2-21 "严谨与想象（Temperature）"设置建议

保存配置后，单击界面左侧的"Just chat"，在 Chatbox 的文本框中进行提问，输入"你会编写程序吗"并按 Enter 键，提示"连接 DeepSeek API 失败"，如图 2-22 所示。

图 2-22 连接 DeepSeek API 失败

这是因为用户在自己的应用中调用 DeepSeek API 服务是需要付费的，此时还没有在账户中充值。

（3）账户充值

① 使用价格。

打开 DeepSeek 开放平台，单击页面左侧导航栏中的"充值"超链接，如图 2-23 所示。

图 2-23 单击"充值"超链接

单击"去认证"按钮，弹出"用户实名认证"对话框，采用"个人实名认证"方式，输入真实姓名和身份证号，单击"提交认证"按钮，如图 2-24 所示。

完成后，进入充值页面，如图 2-25 所示。

图 2-24 "个人实名认证"方式

图 2-25 充值页面

单击"查看价格"按钮，进入模型价格和扣费规则页面，如图 2-26 所示。

模型 & 价格细节

模型[1]		deepseek-chat	deepseek-reasoner
上下文长度		64K	64K
最大思维链长度[2]		-	32K
最大输出长度[3]		8K	8K
标准时段价格 （北京时间 08:30—00:30）	百万tokens输入（缓存命中）[4]	0.5元	1元
	百万tokens输入（缓存未命中）	2元	4元
	百万tokens输出[5]	8元	16元
优惠时段价格[6] （北京时间 00:30—08:30）	百万tokens输入（缓存命中）	0.25元（5折）	0.25元（2.5折）
	百万tokens输入（缓存未命中）	1元（5折）	1元（2.5折）
	百万tokens输出	4元（5折）	4元（2.5折）

1. `deepseek-chat` 模型对应 **DeepSeek-V3**；`deepseek-reasoner` 模型对应 **DeepSeek-R1**。
2. 思维链为 `deepseek-reasoner` 模型在给出正式回答之前的思考过程，其原理详见推理模型。
3. 如未指定 `max_tokens`，默认最大输出长度为 4K。请调整 `max_tokens` 以支持更长的输出。
4. 关于上下文缓存的细节，请参考DeepSeek 硬盘缓存。
5. `deepseek-reasoner` 的输出 token 数包含了思维链和最终答案的所有 token，其计价相同。
6. DeepSeek API 现实行错峰优惠定价，每日优惠时段为**北京时间 00:30—08:30**，其余时间按照标准价格计费。请求的计价时间为该请求完成的时间。

扣费规则

扣减费用 = token 消耗量 × 模型单价，对应的费用将直接从充值余额或赠送余额中进行扣减。当充值余额与赠送余额同时存在时，优先扣减赠送余额。

产品价格可能发生变动，DeepSeek 保留修改价格的权利。请您依据实际用量按需充值，定期查看此页面以获知最新价格信息。

图 2-26 模型价格和扣费规则页面

对图 2-26 中涉及的名词解释如下。

a. 上下文长度（64K）：相当于模型的"记忆容量"。例如，当用户和模型聊天时，其能记住最近 64000 个字符（如文字、标点等）的内容。超过这个长度，其会"忘记"最早的内容。

b. 最大思维链长度（32K，仅限 deepseek-reasoner 模型）：模型在正式回答前，会先"内部思考"（如分析问题、推理步骤）。该"思考过程"最多能写 32000 个字符，超出部分会被截断。

c. 最大输出长度（8K）：模型单次回答的"字数限制"。8K 表示最多输出 8000 个字符的回答。

d. 百万 tokens 输入（缓存命中）：对于用户间的问题，模型之前处理过类似内容，已经"存好答案"，这时处理成本低，收费低。

e. 百万 tokens 输入（缓存未命中）：用户问的问题是全新的，模型需要从头分析，收费更高。

f. 百万 tokens 输出：模型生成回答的"字数费"，百万 tokens 指 100 万个字符的回答。

从图 2-26 中可以看出，在不同时段，deepseek-chat 模型和 deepseek-reasoner 模型的收费是不一样的。

a. 标准时段（08:30—00:30）不同模型的收费如下。

（a）当使用 deepseek-chat 模型时，每百万 tokens 输入（缓存命中）收费 0.5 元，每百万 tokens 输入（缓存未命中）收费 2 元，每百万 tokens 输出收费 8 元。

（b）当使用 deepseek-reasoner 模型时，每百万 tokens 输入（缓存命中）收费 1 元，每百万 tokens 输入（缓存未命中）收费 4 元，每百万 tokens 输出收费 16 元。

b. 优惠时段（00:30—8:30）不同模型的收费如下。

（a）当使用 deepseek-chat 模型时，每百万 tokens 输入（缓存命中）收费 0.25 元，每百万 tokens 输入（缓存未命中）收费 1 元，每百万 tokens 输出收费 4 元。

（b）当使用 deepseek-reasoner 模型时，每百万 tokens 输入（缓存命中）收费 0.25 元，每百万 tokens 输入（缓存未命中）收费 1 元，每百万 tokens 输出收费 4 元。

② 充值。

在充值页面单击"在线充值"，可以通过自定义价格方式充值，这里选择微信支付方式，充值 10 元。完成后，通过"用量信息"可以查询账户余额和用量信息，如图 2-27 所示。

图 2-27　查询账户余额和用量信息

回到 Chatbox，再次访问 DeepSeek API 服务。输入"你会编程吗"并按 Enter 键，返回结果如图 2-28 所示。

充值后，即可通过 Chatbox 访问 DeepSeek API 服务。再次查看"用量信息"，结果如图 2-29 所示。

此时，充值余额剩余 9.99 元，这是因为访问 DeepSeek API 服务后就有了支出。

图 2-28　再次访问 DeepSeek API 服务

图 2-29　访问 DeepSeek API 服务后再次查看"用量信息"

3. Chatbox 工具连接硅基流动

当使用用户自己的应用连接 DeepSeek 官方服务时，由于 DeepSeek 模型的访问人数多，因此有时访问会出现卡顿问题。有些第三方平台部署了满血版（660B 个参数）DeepSeek，如硅基流动、秘塔 AI 搜索、百度智能云等。下面介绍如何将 Chatbox 连接到硅基流动部署的 DeepSeek。

（1）注册硅基流动账户

打开浏览器，访问硅基流动官网，如图 2-30 所示。

图 2-30　访问硅基流动官网

在页面右侧，采用手机号和验证码的方式登录硅基流动，登录成功后的页面如图 2-31 所示。

图 2-31　硅基流动模型广场页面

在模型广场页面可以看到硅基流动部署了多个模型供用户使用，其中包含 DeepSeek 的 V3 和 R1 模型。单击左侧导航栏中的"余额充值"，发现硅基流动赠送了新注册的用户 14 元，如图 2-32 所示。

图 2-32 赠送新注册的用户 14 元

（2）创建 API 密钥

当需要将自己的应用连接到硅基流动提供的模型服务时，需要创建 API 密钥。单击左侧导航栏中的"API 密钥"，在 API 密钥页面单击"新建 API 密钥"按钮，在弹出的"新建密钥"对话框中输入名称"test"（名称任意），单击"新建密钥"按钮，如图 2-33 所示。

图 2-33 创建 API 密钥

完成后，在 API 密钥页面可以查看创建的密钥，如图 2-34 所示。

图 2-34 创建的密钥

（3）连接硅基流动模型

打开 Chatbox 工具，单击左侧导航栏中的"设置"，如图 2-35 所示。

图2-35 单击"设置"

在"设置"界面中，"模型提供方"选择"SILICONFLOW API"（硅基流动 API），"API 密钥"设置为在硅基流动上创建的名称为"test"的密钥 sk-ktqfnfkzsvk×××××××××××××××××××× mqoubdzjlyzpmgxk，"模型"选择"deepseek-ai/DeepSeek-R1"，如图 2-36 所示。

图 2-36 设置模型提供方和具体的模型

配置完成后，单击"保存"按钮。回到 Just chat 界面，在文本框中进行提问，输入"请问，你是什么模型？"并按 Enter 键，部署在硅基流动上的 DeepSeek-R1 模型进行了回答，如图 2-37 所示。

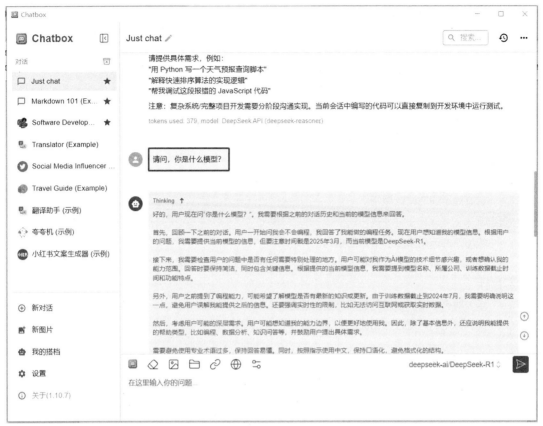

图 2-37　向硅基流动提供的 DeepSeek-R1 模型提问

经过提问后，硅基流动的费用账单页面就会出现服务费用，如图 2-38 所示。

账期	消费总额（元）ⓘ	充值金额消费（元）	赠送金额抵扣（元）	操作
2025-06	0.0000	0.0000	0.0000	查看详情
2025-05	1.4215	0.0000	1.4215	查看详情
2025-04	0.0000	0.0000	0.0000	查看详情
2025-03	2.1227	0.0000	2.1227	查看详情
2025-02	0.0000	0.0000	0.0000	查看详情
2025-01	0.0000	0.0000	0.0000	查看详情

图 2-38　月度账单统计

单击"查看详情"超链接，将返回 2025 年 3 月调用模型的详细信息，如图 2-39 所示。

< 2025-03 账单详情

按产品统计　　　　　　　　　　　　　　　　　　　　　　　　　　　　　　2025-03

产品类型	产品名称	用量	消费总额（元）	充值金额消费（元）	赠送金额抵扣（元）
对话模型	deepseek-ai/DeepSeek-R1	110810 Token(s)	1.3809	0.0000	1.3809
对话模型	deepseek-ai/DeepSeek-V3	205422 Token(s)	0.7418	0.0000	0.7418

图 2-39　账单详情

从图 2-39 所示的结果中可以看到使用的产品类型、用量以及消费金额信息。在后续的项目中，当需要将用户自己的应用连接到 DeepSeek API 时，可采用此种方式。

任务 2-2　使用 DeepSeek 提示词

学习目标

知识目标

- 掌握提示词的工作机制。
- 掌握提示词的设计原则。

技能目标

- 能够熟练运用常用的提示词技巧。
- 能够根据不同需求定制和优化提示词，改善使用 DeepSeek 模型的效果。

素养目标

- 培养对人工智能技术的理解与实践能力。
- 提升思维的严谨性和创新能力。

2.2.1　任务描述

人工智能社团的社长要求所有部门使用 DeepSeek，以提升工作效率。为了让所有社员能熟练使用 DeepSeek，社长要求王红在社团内部开展一次关于提示词（Prompt）使用方法和技巧的培训，确保所有社员能够灵活使用提示词以应对不同的工作场景，提升社团工作效率。

2.2.2　必备知识

1. 提示词的工作机制

提示词是用户与大语言模型之间进行交互的桥梁，用户通过精心设计的提示词引导模型生成期望的输出，好的提示词设计能够起到事半功倍的作用。

（1）模型的生成机制

大语言模型通过对海量文本数据的训练，可以学会如何在给定部分输入（提示词）的情况下生成合理的输出。大语言模型通过上下文的语境和概率推理生成与提示词相关的文本。

提示词提供了一个上下文，模型利用该上下文通过概率计算决定生成下一个词或符号的可能性。因此，提示词的设计将直接影响生成结果的相关性和准确性。

（2）模型的条件生成

在大语言模型中，提示词作为"输入条件"，提供了任务的上下文框架，模型根据这一输入条件生成符合用户预期的文本。提示词通过影响模型的隐层状态（模型的记忆与模型对上下文的理解）来调节生成的内容，不仅可以引导模型理解用户的意图，还可以通过约束模型的生成方向确保输出的内容在主题、风格、结构等方面符合用户预期。

（3）模型的注意力机制与提示词

注意力机制是大语言模型的核心构成部分之一，提示词通过影响模型的输入序列来指导模型的注意力分配，决定哪些信息更为重要，从而影响生成的内容。模型通过计算输入序列中各个词之间的相似性和关系，将更多的"注意力"集中在相关的部分，进而提高输出内容的相关性和质量。

（4）提示词设计与输出内容的质量的关系

提示词的设计对输出内容的质量具有直接影响。合理的提示词可以有效引导模型生成相关、精确的内容，不恰当的提示词会导致模型生成模糊、无关或低质量的内容。例如，过于简短的提示词会导致模型无法理解任务的具体要求，而过于复杂或冗长的提示词则会导致模型"迷失"在无关信息中。

（5）多模态与提示词的扩展

随着多模态人工智能模型的发展，提示词的类型也得到了扩展。通过结合文本、图像、音频等不同模态的信息，提示词不再局限于文本，用户还能提供其他形式的信息来指导模型生成符合多模态要求的内容。

（6）适应性与反馈循环

提示词的设计不是一次性的，用户可以通过不断调整和优化提示词来适应不同的任务需求。这种适应性要求提示词能够参与模型输出进行反馈循环，以实现逐步优化和调整。基于模型反馈的信息，用户可以修改提示词的结构或内容，使其更精准地引导模型，提升最终生成内容的质量。

2. 提示词的设计原则

设计合理的提示词不仅有助于提高模型的响应准确性，还能增强其在特定任务中的应用效果。以下是几条关键的提示词的设计原则。

（1）明确性与精确性

明确性与精确性是设计有效提示词的基础。在设计提示词时，确保其具有明确的任务指示，并提供足够的上下文信息，使模型能够理解任务的具体要求。

（2）上下文一致性

上下文一致性指的是提示词中所包含的指令、问题或情境应当与输入的内容保持一致。模型基于上下文的推理生成结果，因此提示词的内容和结构应该与期望的任务形式、风格以及语境高度一致，上下文不一致会导致模型生成意图不清、格式错误或不相关的结果。

（3）简洁性与聚焦性

尽管提示词的明确性和精确性至关重要，但冗长复杂的提示词会导致模型在处理时产生混淆，或使模型难以聚焦于任务的核心要素。因此，提示词设计应保持简洁，避免冗余信息。通过精练的语言表达，突出任务的关键要素，可以使模型更加专注于任务的核心要求。例如，任务是生成新闻报道，提示词应简明扼要地要求"生成一篇新闻报道"，而不是提供大量不必要的背景信息。

（4）引导性与开放性平衡

有效的提示词设计需要在引导性和开放性之间找到平衡。过于严格的提示词会限制模型的创造性，导致生成的内容过于机械化；而过于开放的提示词会使模型生成的结果不符合用户期望。因此，提示词应既能提供明确的指引，又能够留有一定的自由度供模型发挥。例如，在创意写作任务中，提示词应指明主题和风格，但也应允许模型在具体细节上有所发挥，如"写一篇以'未来城市'为主题的短篇科幻小说，要求包含技术创新与社会变革元素"。

（5）层次化与递进性

在某些复杂任务中，提示词应采用层次化结构，从宏观到微观逐步引导模型生成结果。这种递进性设计能够帮助模型更好地组织和理解任务，并逐步完成任务的各个子目标。层次化提示词可以使任务变得更加清晰，避免信息过载。例如，若任务是撰写一份市场分析报告，可以先给出宏观的分析框架，然后通过逐步提示细化到具体的分析部分。

（6）容错性与灵活性

由于大语言模型基于统计学习和概率推理生成结果，因此有时生成的内容会出现偏差或不准确。设计提示词时应考虑一定的容错性，以允许模型在产生不完全符合预期的结果时，能够基于用户反馈进行调整。灵活性则指提示词应具有足够的适应性。在面对不同情境或任务时，用户可以适当调整提示词内容以优化结果。例如，在需要调整生成文章的风格时，可以微调提示词中的语气要求，如"文章的语气应更加正式"。

（7）多样性与适应性

提示词应具有一定的多样性，能够适应不同类型的任务和场景。在实际应用中，任务的类型和复杂度往往会发生变化，因此提示词的设计应具有高度的适应性，以应对不同的工作需求。这种多样性设计能够增强模型在面对不同情境时的响应能力。

（8）避免偏见与歧视

提示词设计应谨慎，避免引入偏见或歧视性内容。在训练过程中，大语言模型会学习一些社会文化中的固有偏见，设计提示词时应特别注意，避免引导模型产生不恰当或偏见性强的结果。此原则强调了提示词的社会责任，要求用户在编写提示词时考虑到不同群体的文化和价值观差异；确保输出结果的公平性和中立性。

2.2.3　四步提问法

1. 提问规则

根据身份（Identity）、任务（Task）、细节（Detail）、格式（Format）四步提问法，提问规则的设计可以有效地优化问题的结构，确保大语言模型生成的结果更准确、相关且符合预期。这种方法通过清晰地定义提问时的 4 个关键元素，引导模型在处理问题时形成更加系统的思维和生成更加合理的结果。以下是基于四步提问法的提问规则。

微课

V2-3　使用 DeepSeek 提示词

（1）身份

提问时，明确提问者的身份、角色和立场，确保模型能够理解提问者的背景信息，帮助模型理解不同角色所需的响应风格、深度与复杂度，进而生成符合提问者身份的回答。示例如下。

① 学术专家身份：如果提问者是某个领域的专家，模型应生成学术性、技术性强的结果。例如，"作为一名生物学专家，如何解释基因突变的影响？"

② 普通用户身份：如果提问者不是专家，模型应使用通俗易懂的语言和实例来解答问题。例如，"作为一名普通读者，如何理解基因突变对健康的影响？"

（2）任务

提问时，明确任务是询问、总结、分析、比较还是其他类型的请求，任务的类型决定了模型生成的结果的结构和内容。示例如下。

① 询问：如果任务是询问某一事实或概念，问题应清晰明确。例如，"请简要解释相对论的核心观点。"

② 总结：如果任务是对某个长篇内容进行总结，应明确要求压缩信息得到关键部分。例如，"请总结《资本论》中的核心观点。"

③ 分析：若任务是分析某一现象或数据，提问时应要求模型从多个角度进行分析。例如，"请分析当前人工智能对传统行业的影响。"

④ 比较：若任务是比较两个或多个事物，提问时应指明比较的对象和维度。例如，"请比较量子计算与经典计算在数据处理中的差异。"

（3）细节

提问时，提供时间、地点、条件、历史背景、具体人物或事件等必要的背景信息，确保模型能生成符合情境的详细回答，避免生成模糊或不准确的结果。示例如下。

① 背景信息：在提问时提供特定的情境或历史背景，有助于模型理解任务的上下文。

② 数据支持：如果涉及具体数据或统计信息，应明确提出并附上相关数据。

（4）格式

提问时，根据不同任务的需求设置特定的输出格式，可以是列表格式、段落格式、表格格式、代码格式等，指引模型按照特定的格式进行回答，确保模型输出的结果符合预期的格式。示例如下。

① 段落格式：如果需要模型生成结构清晰的段落，可以在提问时要求模型按照段落格式回答。例如，"请按段落格式解释生物多样性的定义及其重要性。"

② 列表格式：若需要简洁地列举信息，可以要求模型以列表的形式回答。例如，"列出 5 种常见的气候变化应对措施。"

③ 代码格式：如果是技术类问题，可以要求模型生成代码并按照代码格式输出。例如，"请用 Python 代码实现一个简单的排序算法。"

④ 表格格式：在比较多项内容时，可以要求模型将信息组织成表格形式。例如，"请将苹果和橙子的营养成分以表格形式列出。"

2. 适用场景

四步提问法通常适用于以下场景。

（1）项目管理和任务分配

在分配任务时明确每个成员的身份（谁）、任务（做什么）、细节（怎么做）以及报告或交付成果的格式（如何呈现）。

（2）产品设计与开发

明确开发的对象（是谁使用）、需求任务（需要做什么）、开发步骤（如何实现）、交付格式（最终的呈现方式）。

（3）客户支持与服务

在为客户提供服务的过程中，明确客户的身份（谁是问题的提出者）、具体问题（是什么问题）、解决方案（如何解决）以及解决方案的呈现形式（如何回应客户）。

（4）研究与报告

在科研、数据分析等领域，明确研究主体（谁是研究人员）、研究目标（任务是什么）、研究方法（如何进行研究）以及报告格式（结果如何呈现）。

3. 实践案列

（1）设计问题

在设计问题时，应确定回答所基于的身份、任务、细节、格式，内容如下所示。

① 身份：一名专注于人工智能研究的计算机教授。

② 任务：请介绍实用的人工智能工具和方法，帮助个人提升工作效率。

③ 细节：随着人工智能技术的普及，许多人已经尝试将其应用于日常工作中。

④ 格式：以段落格式回答。

根据以上信息，确定问题如下。

作为一名专注于人工智能研究的计算机教授，随着人工智能技术的普及，许多人已经尝试将其应用于日常工作中，请介绍实用的人工智能工具和方法，帮助个人提升工作效率，以段落格式回答。

（2）向 DeepSeek 提问

在浏览器中打开 DeepSeek 提问页面，在文本框中输入问题，选择"深度思考（R1）"模式，如图 2-40 所示。

图 2-40　通过四步提问法向 DeepSeek 提问

单击箭头按钮，DeepSeek 的回答如图 2-41 所示。

从结果中发现，DeepSeek 以学术化的语言介绍了人工智能技术的相关工具和功能，答案以段落格式输出。

人工智能工具提升工作效率指南

1. **智能办公助手**
   - **WPS AI**（金山办公）：集成在WPS全家桶中，支持文档智能生成（如自动写通知/报告）、PPT大纲转幻灯片、Excel公式解释，深度适配国内公文格式。
   - **讯飞星火**（科大讯飞）：语音转写准确率98%（中文方言适配），会议纪要自动提炼行动项，支持国企/政务敏感词过滤。
   - **通义千问**（阿里云）：钉钉工作台内置，可自动汇总群聊重点、生成待办清单，国企版支持私有化部署。
2. **研发效率工具**
   - **CodeGeeX**（清华大学）：国产开源代码补全工具，支持Python/Java等30+语言，VS Code插件下载量超百万。
   - **Comate**（百度）：基于文心大模型，自动生成单元测试、注释代码，适配飞桨深度学习框架。
   - **OpenI启智**（鹏城实验室）：AI算法开源社区，提供预训练模型和自动化调参工具。
3. **设计生产工具**
   - **即时设计**（国产Figma替代）：AI生成UI原型图，输入文字描述自动输出符合Material Design规范的界面。
   - **稿定AI**（厦门稿定）：自动抠图/P图/生成电商海报，中文场景素材库超500万。
   - **Vega AI**（本土Stable Diffusion）：支持国风水墨、航天科技等特色风格生成，通过网信办算法备案。

图 2-41 DeepSeek 的回答

2.2.4 限制条件法

限制条件法通过限制字数、预期回答形式、格式、内容范围等，确保得到简洁、清晰且符合预期的回答。这种方法有助于提高提问效率，并避免模型输出不相关或冗长的内容，使结果更具针对性。

1. 提问规则

在向大语言模型提问时，使用限制条件法来提问意味着在问题中会设定一些具体的“限制条件”，帮助模型聚焦于更精确的答案。简单来说，就是在提问时给出一些约束或边界来缩小模型的回答范围，以下是具体的提问规则。

（1）明确问题的核心

先说清楚需要解决的核心问题是什么，确保模型知道用户想要的答案。例如，“如何提高学习效率？”可以明确为“如何在每天学习 2 小时内的情况下提高英语词汇量？”

（2）设定清晰的限制条件

告诉大语言模型在哪些条件下回答问题，这些条件可能包括时间、预算、地点、资源等。例如，“在不超过 500 元的预算下，选择一部性价比高的手机。”

（3）给出特定的背景或情境

让问题的背景明确，有助于模型理解具体的情境。例如，“我是一名初学者，学习时间为 1 个月，推荐一本适合新手的 Python 编程图书。”

2. 适用场景

当用户具有明确需求并希望获得简洁、通俗易懂和确定的答案时，使用限制条件法进行提问非常有效。通过在问题中设置明确的限制条件，能够帮助模型聚焦回答的重点，避免输出过于冗长或复杂的解释。

3. 实践案例

（1）不使用限制条件法提问

在浏览器中打开 DeepSeek 提问页面，输入“写一篇介绍人工智能的文章”，按 Enter 键，DeepSeek 的回答如图 2-42 所示。

从回答中可以发现，当没有限制条件时，DeepSeek 的回答是相对专业和复杂的。

（2）使用限制条件法提问

如果用户只想给小学生写一篇关于人工智能的文章，以上答案显然不合适，此时可以通过限制条件法向 DeepSeek 提问，输入“写一篇关于人工智能的文章，限制在 200 字以内，要求通俗易懂，适合小学生阅读，分为 3 个段落”。

人工智能：重构人类认知边界的革命性力量

在人类文明史上，每一次技术革命都在重塑世界的运行逻辑。从蒸汽机轰鸣开启工业时代，到电力网络编织现代生活图景，再到计算机催生信息社会，人类始终在突破认知边界。而今，人工智能（Artificial Intelligence, AI）正以前所未有的方式改写这个进程——它不仅是一种技术工具，更是一面照见人类智能本质的镜子，一场正在颠覆所有行业底层逻辑的认知革命。

一、从符号主义到涌现智能：AI的认知跃迁

人工智能的发展史本质上是人类对"智能"理解的进化史。1956年达特茅斯会议上，科学家们试图用符号逻辑系统模拟人类思维，这是AI最初的理性主义宣言。但当符号主义陷入组合爆炸的困境时，联结主义的神经网络开始崭露头角。2012年，AlexNet在ImageNet竞赛中超越人类识别准确率的突破，标志着深度学习时代的正式来临。

当前，大语言模型展现出的"涌现能力"正在挑战传统认知框架。当模型参数量突破千亿级临界点时，GPT-4突然展现出理解隐喻、进行逻辑推理等"类人智能"，这种现象暗示着量变引发质变的智能跃迁规律。Transformer架构中的自注意力机制，某种程度上模拟了人类认知中的焦点转移与信息筛选过程，这种架构创新让机器开始具备情境化理解能力。

二、范式颠覆：AI重构产业认知图谱

图 2-42　DeepSeek 关于“写一篇介绍人工智能的文章”的回答

将以上问题发送给 DeepSeek 后，其回答如图 2-43 所示。

人工智能：聪明的科技小伙伴

人工智能就像给机器装上"聪明的大脑"，让它们能像人一样学习、思考。你家的扫地机器人会自己规划路线，手机里的语音助手能回答各种问题，这些都是人工智能的魔法！科学家们教计算机认识图片、听懂说话，就像教小朋友认字一样，只不过它们学得更快。

现在，人工智能已经悄悄进入我们的生活。医院里，它能帮医生看X光片找病因；超市中，自动结账机认识每件商品；学校里，学习软件还会根据你的错题出练习题。这些聪明的机器不会累，能24小时工作，但它们的所有本领都是人类老师教的哦！

未来，人工智能可能会更厉害！也许会有机器人老师陪我们上课，自动驾驶汽车带全家去旅行。但别担心，它们永远需要人类来创造和指导。想要和人工智能做朋友？现在好好学习，将来你也能设计出改变世界的智能机器！

（全文共198字）

图 2-43　使用限制条件法后 DeepSeek 的回答

从以上回答中可以发现，该回答共 198 个字，分为 3 个段落，非常适合小学生阅读。

2.2.5　附件提问法

1. 提问规则

附件提问法是一种通过附加文件辅助问题描述的提问方法。在这种方法中，问题不仅包括基本问题本身，还会附加相关的文件、数据或额外的信息，以帮助大语言模型更好地理解问题的具体背景和需求。这种提问法通常用于涉及大量数据、复杂分析或需要详细参考的情境，在学术研究和技术领域中非常有效。以下是附件提问法的提问规则。

（1）上传附加文件

提供与问题相关的附件，如数据表格、研究报告、实验数据、文献或其他重要材料。这些附件通常包含必要的详细信息，有助于更深入、精确地解答问题，让大语言模型在回答过程中能够依据附件中的资料或数据进行分析和解释，提高回答的准确性和深度。

（2）提出问题

在提问时明确指出问题与附件之间的关系，说明附件在解答中的关键作用。例如，将某个附件提供的文案、实验数据、报告作为背景资料进行提问，使大语言模型知道如何使用这些附加材料来更好地解答问题。

2. 适用场景

附件提问法的适用场景如下。

（1）复杂问题

当问题较复杂或需要特定背景信息时，提供相关的背景资料或上下文信息可以帮助模型更好地理解问题的细节，从而给出准确和有针对性的答案。例如，用户询问关于某一历史事件的问题，可以附带时间、地点等信息，确保回答的准确性。

（2）多步骤推理问题

当问题涉及多个步骤或多个变量时，可以通过附件提问法将所有相关信息一次性提供，以便模型进行全面分析。例如，用户要求模型预测某个现象的未来发展趋势，可以附上该现象的历史数据、相关研究成果或变量。

（3）需要准确、细节的领域问题

如果是涉及专业领域（如医学、法律、技术等）的问题，提供相关的上下文或细节可以帮助模型给出更加符合专业要求的答案。例如，用户想要知道某种疾病的治疗方法时，提供患者的年龄、症状等具体情况，有助于模型给出更合适的建议。

3. 实践案例

（1）向 DeepSeek 上传用户购买行为

将项目 2 中提供的用户购买行为.xlsx 文件下载到本地，内容如表 2-1 所示。

表 2-1　用户购买行为

用户 ID	性别	年龄	城市	活跃天数	消费金额/元	购买次数	浏览时长/分钟	兴趣标签
U001	男	28	北京	25	4800	6	320	数码、运动
U002	女	35	上海	18	6500	9	210	美妆、母婴、家居
U003	女	22	广州	30	1200	2	450	学生、平价穿搭、游戏
U004	男	40	深圳	12	8900	4	180	奢侈品、商务旅行
U005	女	19	成都	28	350	1	600	二次元、汉服、短视频

（2）向 DeepSeek 提问，获得用户画像

将用户购买行为.xlsx 文件以附件的形式上传给 DeepSeek，输入如下内容。

请基于附件用户购买行为.xlsx完成用户画像分析，具体要求如下。

数据预处理

  - 计算用户活跃度等级（高活跃：≥20天；中活跃：10～19天；低活跃：<10天）。

  - 标注消费能力标签（高消费：≥5000元；中消费：2000～4999元；低消费：<2000元）。

分析维度

  - 基础属性：统计性别、年龄、城市分布特征。

  - 消费行为：分析消费金额与购买次数的相关性，识别高价值用户。

  - 兴趣偏好：提取高频兴趣标签，发现潜在需求场景。

输出要求

  - 生成3类典型用户画像（如都市白领女性、学生党等）。

  - 用表格对比用户特征，包含画像名称、核心特征、行为模式、运营建议。

  - 总结数据洞察，提出两条精准营销策略。

选择"深度思考（R1）"模式后，向 DeepSeek 发送问题，获得用户画像和营销策略，如图 2-44 所示。

图 2-44　基于附件获得用户画像和精准营销策略

2.2.6　分步拆解法

1. 分步拆解法概述

　　分步拆解法非常适合解决涉及多个因素、多个推理步骤或复杂决策过程的问题。用户将核心大问题拆解为较小、明确的步骤，模型可以更清晰地处理每一部分，最终给出更加精准、系统的答案。

　　分步拆解法适用于问题本身包含多个层面，需要逐步推理来得出结论的场景，如"设计一个具有可持续性的城市交通系统"，这个问题涉及多个因素，如技术、政策、成本、环境等。将这样的大问题拆解成一个个小问题，可以帮助模型逐步分析大问题的每个层面，最终得到综合和系统的回答。

2. 实践案例

　　用户需要解决的核心大问题：分析全球气候变化对农业生产力的影响。

使用分步拆解法将这个大问题拆解为以下5个子问题，层层递进，最终得出结论。

第1步：将全球气候变化对农业生产力的影响拆解为以下5个子问题。

问题1：全球气候变化的主要表现是什么？

问题2：气温升高、降水模式变化如何直接影响农业生产？

问题3：不同地区的气候变化对农业生产力的影响是否具有区域差异？

问题4：气候变化对农业生产力的影响是否能通过技术或管理措施进行缓解？如果是，哪些措施最为有效？

问题5：各国的政策在应对气候变化对农业的影响方面是否存在显著的差异？如何评估政策的有效性？

第2步：总结。

核心大问题：综合以上分析，全球气候变化对农业生产力的总体影响是什么？各国应该如何应对这一挑战？

在DeepSeek中依次提出以上6个问题，最终会得到全球气候变化对农业生产力的影响的系统性结论。

项目小结

本项目讲解了DeepSeek大语言模型的基础使用，在任务2-1中介绍了如何使用网页版DeepSeek大语言模型、如何通过本地应用Chatbox接入DeepSeek API服务；在任务2-2中介绍了提示词的工作机制，通过案例实践方式讲解了四步提问法、限制条件法、附件提问法、分步拆解法4种常用的提示词技巧。

练习与思考

1. 选择题

（1）DeepSeek的（　　）模型是推理模型。

A. V1　　　　B. V2　　　　C. V3　　　　D. R1

（2）DeepSeek核心架构依托（　　）深度学习模型。

A. CNN　　　B. RNN　　　C. Transformer　　D. GAN

（3）DeepSeek-V3属于（　　），一般侧重于语言生成、上下文理解和自然语言处理。

A. 推理模型　　B. 非推理模型　　C. 专家系统　　D. 符号系统

（4）（　　）表示模型的严谨程度与想象力，用来控制模型输出的随机性或创造性。

A. Temperature　B. Entropy　　C. Randomness　　D. Exploration

2. 填空题

（1）四步提问法的提问规则包括_____、_____、_____、_____。

（2）_____的发展使提示词可以结合文本、图像、音频等不同模态的信息。

（3）附件提问法是一种通过_____辅助问题描述的提问方法。

（4）_____通过限制字数、预期回答形式、格式、内容范围等，确保得到简洁、清晰且符合预期的回答。

（5）_____非常适合解决涉及多个因素、多个推理步骤或复杂决策过程的问题。

3. 简答题

（1）简述DeepSeek大语言模型的功能。

（2）简述提示词的工作机制。

项目 3

DeepSeek助力自动化文档处理

项目描述

　　王红在人工智能社团的宣传部担任干事，在平时的工作中需要处理大量的文档。为提升办公效率，王红决定将WPS文字工具和表格工具接入DeepSeek API服务，借助DeepSeek的自动化文档处理能力，实现自动化内容编辑和数据处理。

　　项目3任务思维导图如图3-1所示。

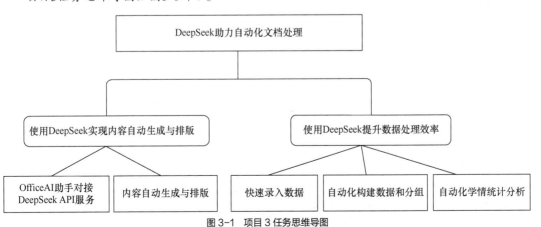

图 3-1　项目 3 任务思维导图

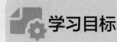

任务 3-1　使用 DeepSeek 实现内容自动生成与排版

学习目标

知识目标
- 了解 OfficeAI 助手为 WPS 文字处理提供的帮助。
- 掌握 OfficeAI 助手和大语言模型之间的关系。

技能目标
- 能够通过 OfficeAI 助手将 WPS 软件连接到 DeepSeek。
- 能够使用 OfficeAI 助手和 DeepSeek 实现内容自动化编辑与排版。

素养目标
- 培养仔细观察、冷静思考的能力。
- 培养精益求精、不断提升自身能力的习惯。

3.1.1　任务描述

王红在使用 WPS 文字工具处理文档和编辑内容时，经常遇到错别字、标点符号错误、内容续写问题、排版问题，如果文档内容比较多，处理起来就费时费力。为提升工作效率，王红决定通过 OfficeAI 助手将 WPS 软件接入 DeepSeek，实现文档内容的自动生成与排版。

3.1.2　必备知识

1.　OfficeAI 助手为 WPS 文字处理提供的帮助

OfficeAI 助手是 Microsoft Office 和 WPS 办公软件的人工智能插件，用于提高工作效率和优化办公流程。OfficeAI 助手可以为 Microsoft Office 和 WPS 文字处理实现多种功能提供以下帮助。

（1）智能写作助手

自动检查和改正语法错误、拼写错误，并提供优化建议；基于上下文的智能推荐，如自动补全句子或提供同义词、反义词等建议；帮助用户更高效地撰写邮件、报告等文档。

（2）智能排版与格式优化

自动调整文档的排版、字体、段落等，使其更符合格式规范和美观要求，以适应不同屏幕和设备，优化观者阅读体验。

（3）自然语言处理

在 WPS 中，人工智能可以进行智能翻译和语音识别，帮助用户翻译文档内容，甚至支持多语言之间的即时翻译；提供语音输入功能，可以将语音转换成文字，提升用户输入效率。

（4）文档内容智能摘要

对文档进行智能摘要，帮助用户快速浏览重要信息，节省阅读时间。

（5）智能协作与共享

提供基于人工智能的智能推荐，帮助团队成员高效共享文档，自动跟踪文件版本和编辑历史；可通过智能标签和搜索，帮助用户快速定位文档中的关键信息或内容。

（6）语音助手与自动化操作

集成语音助手功能，用户可以通过语音命令打开文件、进行格式调整、插入图片等；集成自动化任务功能，可以根据用户的日常操作习惯自动执行常见任务，节省时间。

2.　OfficeAI 助手语言模型之间的关系

OfficeAI 助手是办公软件（如 WPS）的插件，大语言模型（如 DeepSeek）为 OfficeAI 助手提供了强大的自然语言理解和生成能力，使得办公软件能够智能地处理各种复杂的任务。

大语言模型通过提升 OfficeAI 助手的语言处理能力，使办公软件不仅具备更强的智能化功能，还能大幅度简化办公任务，优化工作流程，为用户提供更高效、便捷的办公体验。

所以，OfficeAI 助手要想发挥作用，必须连接到后端的大语言模型。

微课

V3-1 使用
DeepSeek 实现内容
自动生成与排版

3.1.3　OfficeAI 助手连接 DeepSeek API 服务

1. 使用 OfficeAI 助手

（1）下载 OfficeAI 助手

打开浏览器，访问 OfficeAI 助手简介页面（https://www.office-ai.cn/static/introductions/officeai/introduction.html），如图 3-2 所示。

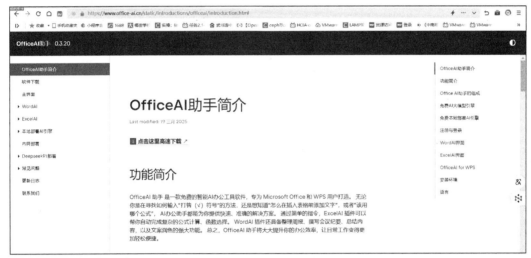

图 3-2　访问 OfficeAI 助手简介页面

在图 3-2 所示的页面中单击"点击这里高速下载"超链接，将 OfficeAI 助手下载到本地。

（2）安装 WPS 和 OfficeAI 助手

① 安装 WPS。

将项目 3 中提供的 WPS2019.exe 下载到本地，双击 WPS2019.exe，弹出安装界面，如图 3-3 所示。

图 3-3　WPS 安装界面

选中"已阅读并同意金山办公软件许可协议和隐私政策"复选框，单击"立即安装"按钮，等待片刻，WPS 即安装成功。WPS 安装成功后，桌面会出现一个名为"WPS Office"的快捷方式，双击该快捷方式，启动 WPS，单击左侧的"新建"按钮，在弹出的"新建"对话框中可以新建"文字""演示""表格""PDF"等文档，如图 3-4 所示。

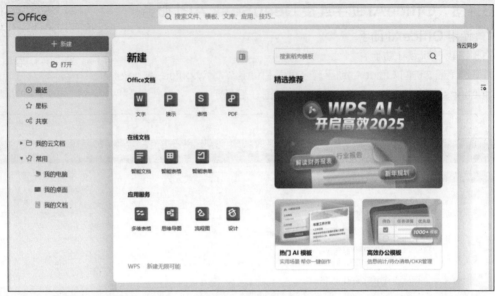

图 3-4　"新建"对话框

② 安装 OfficeAI 助手。

关闭 WPS，双击下载的 OfficeAI.exe 文件，弹出安装界面，如图 3-5 所示。

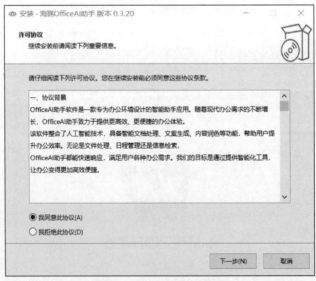

图 3-5　OfficeAI 助手安装界面

选中"我同意此协议"单选按钮，单击"下一步"按钮，进入"选择目标位置"界面，结果如图 3-6 所示。

保持默认的安装位置，单击"下一步"按钮，弹出安装 VBA（版本为 7.0.1590）的向导界面，如图 3-7 所示。

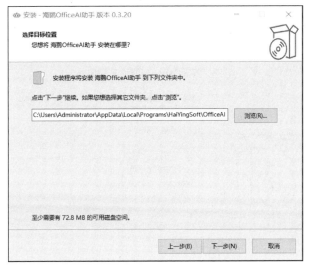

图 3-6　"选择目标位置"界面

图 3-7　安装 VBA 的向导界面

单击"Next"按钮，进入图 3-8 所示的同意协议界面。

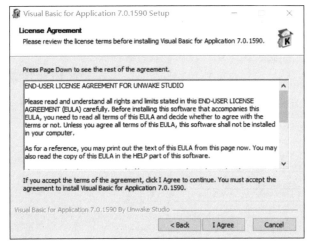

图 3-8　同意协议界面

单击"I Agree"按钮，安装 VBA。VBA 安装完成后，OfficeAI 助手即安装成功，如图 3-9 所示。

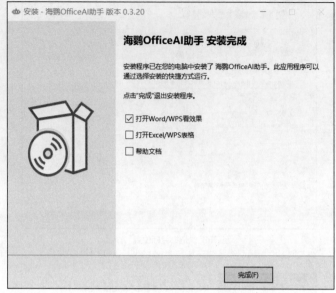

图 3-9　OfficeAI 助手安装成功

2. WPS 连接到 DeepSeek

（1）在 WPS 文字工具中显示"OfficeAI"选项卡

安装完 OfficeAI 助手之后，运行 WPS，打开或新建任意文字文档。如果在 WPS 文字工具上没有显示"OfficeAI"选项卡，可以"文件"→"选项"选项，在弹出的"选项"对话框中选择"信任中心"选项卡，选中"启用所有第三方 COM 加载项，重启 WPS 后生效（E）"复选框，单击"确定"按钮，如图 3-10 所示。

图 3-10　启用所有第三方 COM 加载项

在"工具"选项卡中单击"COM 加载项"按钮，在弹出的"COM 加载项"对话框中单击"可点击此处进行管理。"超链接，如图 3-11 所示。在弹出的对话框中启用 HyWordAI 插件，如图 3-12 所示。

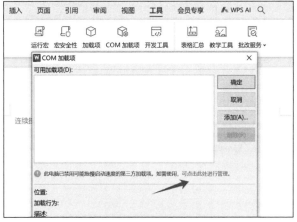

图 3-11　管理 COM 加载项　　　　　　图 3-12　启用 HyWordAI 插件

完成后，WPS 文字工具菜单栏中显示"OfficeAI"选项卡，选择此选项卡，可以看到 OfficeAI 助手的各项功能，如图 3-13 所示。

图 3-13　"OfficeAI"选项卡

从图 3-13 中可以看到，对于 WPS 文字类型的文档，OfficeAI 助手提供了"会议总结""周报助手""一键排版""AI 校对""文案生成""文章续写""万能翻译"等功能。

（2）连接到 DeepSeek 大语言模型

WPS 界面右侧显示了"OfficeAI 助手"面板，如图 3-14 所示。

登录成功后，结果如图 3-15 所示。

图 3-14　"OfficeAI 助手"面板　　　图 3-15　登录成功后的"OfficeAI 助手"面板

从图 3-15 中可以发现，用户可以通过 OfficeAI 助手进行聊天、提问和创作等。单击右上角的 ⋮ 按钮（也可以单击"OfficeAI"选项卡中的"设置"按钮），弹出"设置"对话框，选择"大模型设置"选项卡。选择"ApiKey"选项卡，"模型平台"选择"硅基流动"，模型名选择"deepseek-ai/DeepSeek-V3"，在"API_KEY"文本框中输入在项目 2 中创建的名为"test"的硅基流动 API 密钥 sk-ktqfnfkzsvk××××××××××××××××××mqoubdzjlyzpmgxk，其他选项保持默认设置，如图 3-16 所示。单击"保存"按钮，弹出"大模型设置保存成功"提示，如图 3-17 所示。

图 3-16 "设置"对话框

图 3-17 大模型设置保存成功

这里选择硅基流动的 deepseek-ai/DeepSeek-R1 模型的原因是 DeepSeek 官网反应有些卡顿，硅基流动部署的 DeepSeek-R1 和官方部署的完全一致，而且新用户注册时赠送了 14 元，在学习时使用更方便。

连接完成后，不但可以在 WPS 文字工具中使用 OfficeAI 助手，在 WPS 表格中同样可以使用 OfficeAI 助手。新建一个表格文档，查看"OfficeAI"选项卡和"OfficeAI 助手"面板，如图 3-18 所示。

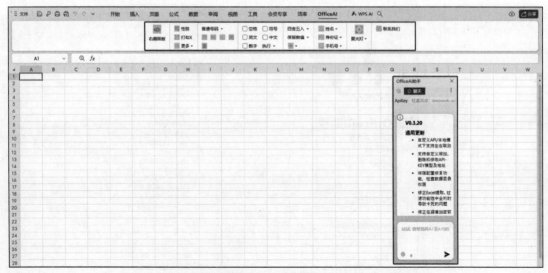

图 3-18 在 WPS 表格中查看"OfficeAI"选项卡和"OfficeAI 助手"面板

3.1.4 内容自动生成与排版

1. 自动生成内容

启动 WPS，新建一个文字类型的空白文档，另存为 test.docx。选择"OfficeAI"选项卡，单击"右侧面板"按钮，调出"OfficeAI 助手"面板，如图 3-19 所示。

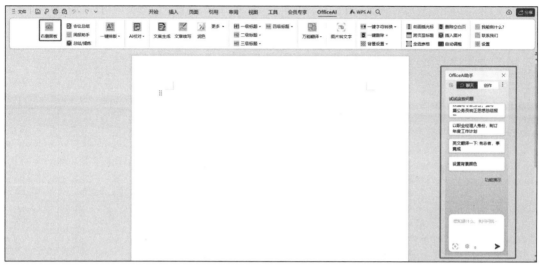

图 3-19 调出"OfficeAI 助手"面板

在"OfficeAI 助手"面板下方的文本框中输入"人工智能社团正在准备招收大一新生，请帮我生成一份人工智能社团的章程，方便在招新时使用"，单击文本框右下角的箭头按钮，提交问题。OfficeAI 助手会向后端大语言模型 DeepSeek 进行提问，输出思考过程，并输出"××大学人工智能社团章程"的相关内容，如图 3-20 所示。

图 3-20 输出结果

单击"导出到左侧"超链接，将结果输出到左侧的空白文档中，结果如图 3-21 所示。

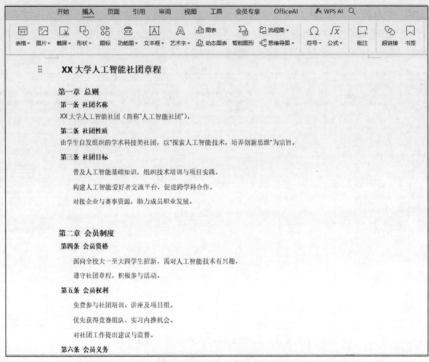

图 3-21　自动生成的人工智能社团章程

导出完成后，通过图 3-19 中的"AI 校对"功能，可以纠正文档中的中英文拼写错误、标点符号错误和表述错误。

2. 自动排版

OfficeAI 助手提供了自动排版功能，选择"一键排版"中的"排版管理"选项，如图 3-22 所示。

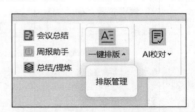

图 3-22　选择"排版管理"选项

弹出"排版模板管理"窗口，如图 3-23 所示，在其中可以设置"通用文档""公文文档""公文红头文件模板"的具体格式。例如，单击"通用文档"按钮，弹出"编辑：通用文档"窗口，如图 3-24 所示。

图 3-23　"排版模板管理"窗口

名称	正则规则	中文字体	英文字体	字号	首行缩进	行距类型	行距	段前距	段后距	加粗	斜体	对齐方式	操作
主标题		宋体		三号	0	固定值	28.95	0.0	0.0	☑		居中	
正文		宋体		四号	2	固定值	28.95	0.0	0.0			两端对	
一级标题	^[一二三四五六七	黑体		三号	2	固定值	28.95	0.0	0.0			左	
二级标题	^ ([一二三四五六	黑体		三号	2	固定值	28.95	0.0	0.0	☑		左	
三级标题		黑体		三号	2	固定值	28.95	0.0	0.0			左	
默认标题样式		宋体		四号	2	固定值	28.95	0.0	0.0	☑		左	
公司名/单位名		宋体		四号	2	固定值	28.95	0.0	0.0			右	
日期		宋体		四号	2	固定值	28.95	0.0	0.0			右	
内嵌图片		黑体		三号	0	固定值	28.95	0.0	0.0			左	

图 3-24 "编辑：通用文档"窗口

这里采用默认格式，关闭窗口后，单击"通用文档"右下角的⋮按钮，选择"设为默认"选项，将"通用文档"设置为默认格式，如图 3-25 所示。

图 3-25 将"通用文档"设置为默认格式

单击"OfficeAI"选项卡中的"一键排版"按钮，OfficeAI 助手将会按照"通用文档"格式对内容进行排版，结果如图 3-26 所示。

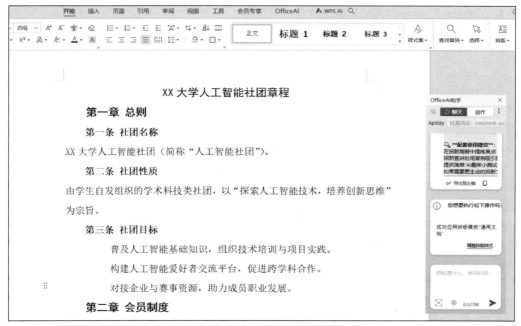

图 3-26 按照默认的"通用文档"格式进行排版

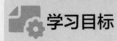

任务 3-2 使用 DeepSeek 提升数据处理效率

学习目标

知识目标
- 掌握 OfficeAI 助手为数据表格处理提供的帮助。
- 了解 VBA 的功能。

技能目标
- 能够通过 OfficeAI 助手和 DeepSeek 自动生成表格数据。
- 能够使用 OfficeAI 助手和 DeepSeek 自动处理表格数据。

素养目标
- 培养高效做事的习惯。
- 培养勇于开拓、不断创新的品质。

3.2.1 任务描述

王红作为宣传部的干事，每天需要处理大量的表格数据。无论是汇总报表、整理社团成员考勤信息还是分析社团成员成绩，表格处理工作几乎无处不在。以前，她常常花费大量时间在数据输入、排序、筛选和格式调整等烦琐的任务上，效率较低，且容易出现人为错误。OfficeAI 助手能够自动完成许多重复性和耗时的工作，提供智能化的数据整理、自动填充、格式优化等功能，极大地减轻了她的工作负担。更重要的是，OfficeAI 助手还能帮助她快速生成报告、分析数据趋势，甚至提供智能化的建议，进一步提高工作效率。有了 OfficeAI 助手，王红可以将更多时间和精力集中在更高价值的任务上，从而更加高效和精准地完成工作。

3.2.2 必备知识

1. OfficeAI 助手为表格数据处理提供的帮助

OfficeAI 助手大大提升了数据表格的智能化水平，使得数据处理和分析以及报告生成更加高效、准确。OfficeAI 助手为表格数据处理提供了以下帮助。

（1）智能数据分析

OfficeAI 助手可以通过深度分析表格中的数据，识别其中的趋势、异常值、模式和潜在关联。例如，如果用户的表格包含多个季度的销售数据，OfficeAI 助手可以帮助用户分析某些产品在特定月份的销售高峰期，或发现某些产品的异常销量波动。OfficeAI 助手还能基于数据的变化，自动生成报告或提供改进建议。通过数据分析，用户能够更清晰地了解数据背后的故事，从而做出更明智的决策。

（2）自动计算与公式推荐

在 WPS 表格中，用户经常需要进行复杂的计算，OfficeAI 助手可以帮助用户自动填充公式，推荐合适的计算方法。例如，当用户输入一个简单的数学问题时，OfficeAI 助手可以自动分析数据，推荐合适的数学公式（如求和、平均值或方差等），并自动填写到相应的单元格中。这样，用户不仅节省了自己查找和输入公式的时间，也降低了手动操作出错的风险。

（3）图表生成

基于表格中的数据，OfficeAI 助手可以自动选择最合适的图表类型来展示数据。例如，对于时间序列数据，OfficeAI 助手可能推荐折线图；对于类别数据，其可能建议使用柱形图或饼图。OfficeAI 助手能够理解数据的结构，帮助用户快速生成图表，并自动进行格式优化，使得数据展示更加直观、清晰。通过图表展示，用户能更容易地理解和解释复杂数据，从而做出决策或向他人展示分析结果。

（4）数据清理与格式化

数据清理是处理大数据集时的一个重要环节，OfficeAI助手可以自动识别数据中的重复项、缺失值、格式不一致的情况，并提供修复建议。例如，某个单元格的日期格式可能与其他单元格不一致，OfficeAI助手能够发现并统一格式。此外，如果表格中有错误的数据（如销售量为负数），OfficeAI助手可以帮助用户标记出这些数据，并给出修正建议。通过数据清理与格式化，用户可以确保数据的质量和准确性，从而提高分析结果的可靠性。

（5）语言处理与自然语言查询

用户可以通过自然语言进行查询和操作是OfficeAI助手的一大亮点。用户可以像与人对话一样用自然语言描述自己的需求，如"帮我计算2025年Q2的总销售额"或者"生成这列数据的折线图"。OfficeAI助手可以识别用户的意图，并根据表格中的数据执行相应的任务。这项功能极大地提高了操作的便捷性和智能化程度，用户无须了解复杂的公式或操作步骤，只需通过简单的命令获取所需的结果即可。

（6）任务自动化

对于一些定期重复的任务，OfficeAI助手可以帮助用户进行自动化处理。例如，每个月的财务报表需要定期生成，OfficeAI助手可以根据预设的模板和数据源自动填充报表内容并生成最终的文档，甚至自动发送给指定的人员。这不仅节省了用户大量的时间，还减少了人工操作可能产生的错误，让用户能够更专注于需要决策和创新的任务上。

（7）智能预测

基于历史数据，OfficeAI助手能够进行趋势预测，如销售预测、库存预测或市场需求预测等。OfficeAI助手会运用机器学习模型来分析历史数据，并推测未来可能的走向。例如，OfficeAI助手可以根据过去两年的销售数据预测未来几个月的销售趋势，使用户能够提前做准备，制定更有针对性的营销策略或库存管理计划。

2. VBA 的功能

VBA（Visual Basic for Application Visual Basic 的一种宏语言）是 Excel 等应用程序中强大的自动化工具，可以用来创建自定义功能、自动重复任务、处理复杂数据、增强表格的交互性等。VBA 的功能非常广泛，以下是一些常见的功能和应用场景。

（1）自动化任务

① 批量处理数据：VBA 可以帮助用户自动化处理大量数据，如将不同工作表的数据汇总到一个工作表中，或者按照特定条件筛选并整理数据。

② 定时执行操作：用户可以设置一个宏，在每天的某个时刻自动打开工作簿并更新数据。

（2）数据分析与处理

① 数据清理：VBA 可以删除重复值、填充空白单元格、格式化数据或自动替换特定数据。

② 动态分析：通过 VBA，用户可以快速对数据进行排序、筛选、分组、统计等操作，生成定制化分析结果。

③ 自动生成报告：VBA 可以自动生成格式化的报告，自动填充表格或图表，可以根据数据生成 PDF 报告。

（3）用户交互

① 自定义表单：VBA 可以创建表单，用户可以通过这些表单输入数据、选择选项等，而不用直接修改 Excel 表格。

② 消息框与输入框：VBA 能够弹出提示框、确认框和输入框，帮助用户与程序进行交互，如输入某个特定值或确认某个操作。

（4）复杂计算与公式应用

① 自定义函数（User-Defined Function，UDF）：VBA 可以创建自定义函数，不同于 Excel 内置的函数，自定义函数能满足特定的计算需求。

② 动态公式：VBA 可以通过代码动态插入或修改公式，满足用户根据不同的情况计算结果的需求。

（5）图表与数据可视化

① 自动生成图表：VBA 可以自动生成图表，同时可以根据数据的变化动态更新图表的内容。

② 图表格式化：VBA 不仅能创建图表，还能设置图表的样式、颜色、标签等，使报告更具视觉吸引力。

（6）文件管理与操作

① 自动打开和关闭文件：VBA 可以用于打开多个文件、保存文件、重命名文件等，实现文件的批量处理。

② 文件转换：通过 VBA，用户可以自动将工作簿保存为不同格式（如 CSV、PDF 等）。

③ 在进行某些数据处理时，OfficeAI 助手通过 DeepSeek 大语言模型获得操作表格数据的 VBA 代码，从而实现表格数据的自动化处理。

3.2.3　快速录入数据

1. 准备数据表格

将项目 3 中提供的练习 1.xlsx 文件下载到本地，打开该文件，结果如表 3-1 所示。

微课

V3-2　快速录入数据

表 3-1　社团成员信息表

人工智能社团成员信息					
编号	姓名	性别	年龄	年级	核心成员
1	李明		19		
2	韩亮		20		
3	陈红		18		
4	张涵		19		
5	陈雯		21		
6	王力		20		
7	韩亮		22		
8	陈亮		18		
9	张亮		19		
10	王红		20		

2. 使用菜单快速录入数据

（1）录入性别

打开社团成员信息表后，单击"OfficeAI"选项卡中的"性别"按钮，弹出"快速录入设定"对话框，保持默认的"1=男　2=女"不变，单击"应用区域"右侧的 按钮，选择 C3:C12 单元格区域，如图 3-27 所示。

在"性别"列中输入 1（表示男）和 2（表示女），输入完成后单击"快速录入设定"对话框中的"确定"按钮，如图 3-28 所示，"性别"列的 1 和 2 自动转换为"男"和"女"，如图 3-29 所示。

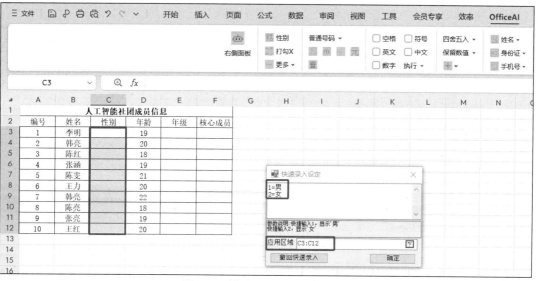

图 3-27　"快速录入设定"对话框（1）

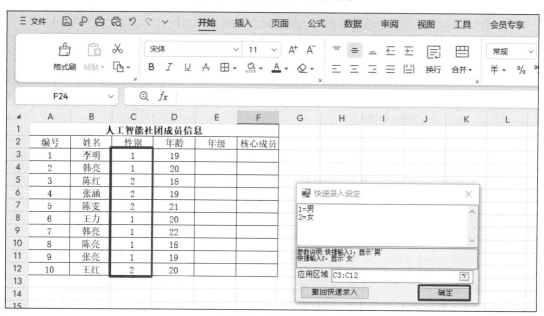

图 3-28　录入性别信息

编号	姓名	性别	年龄	年级	核心成员
1	李明	男	19		
2	韩亮	男	20		
3	陈红	女	18		
4	张涵	女	19		
5	陈雯	女	21		
6	王力	男	20		
7	韩亮	男	22		
8	陈亮	男	18		
9	张亮	男	19		
10	王红	女	20		

（人工智能社团成员信息）

图 3-29　1和2自动转换为"男"和"女"

（2）录入年级

在"OfficeAI"选项卡选择"更多"下拉列表中的"评级"选项，如图 3-30 所示。

图 3-30　选择"评级"选项

在弹出的"快速录入设定"对话框中录入"大一""大二""大三""大四"4 个选项，"应用区域"选择 E3:E12 单元格区域，如图 3-31 所示。

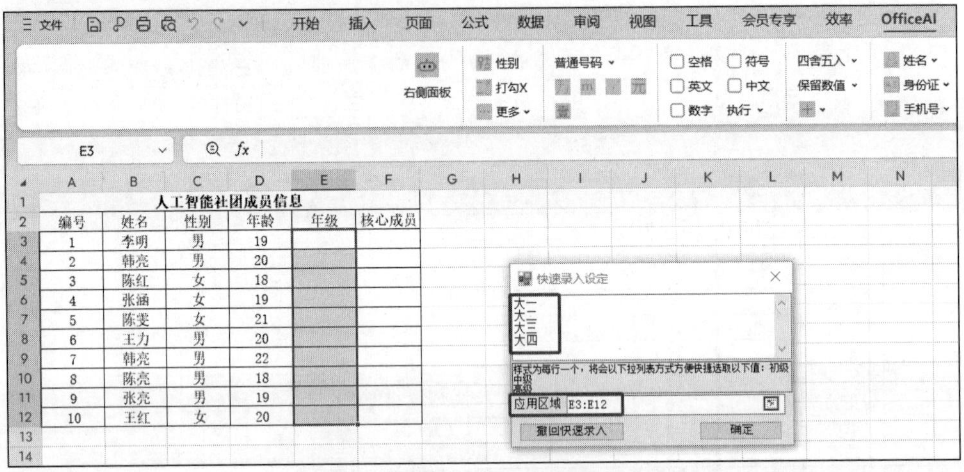

图 3-31　"快速录入设定"对话框（2）

完成后单击"确定"按钮，在 E3:E12 单元格中选择"大一""大二""大三"或"大四"选项，录入年级，如图 3-32 所示。

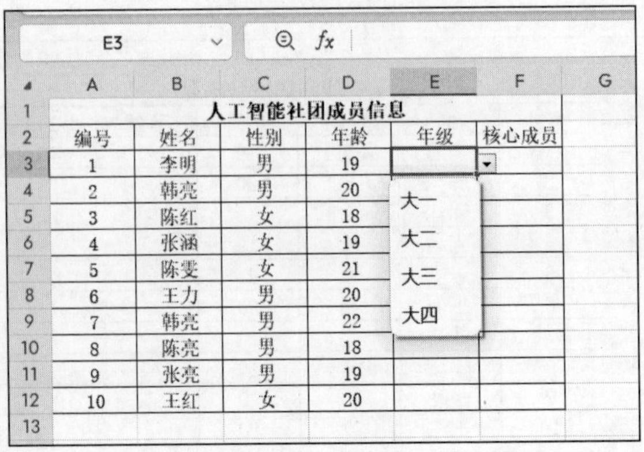

图 3-32　录入年级

（3）录入是否为核心成员

在"OfficeAI"选项卡选择"更多"下拉列表中的"是否"选项，如图 3-33 所示。

图 3-33 选择"是否"选项

在弹出的"快速录入设定"对话框中保持默认的"1=是 2=否"不变，单击"应用区域"右侧的 ▣ 按钮，选择 F3:F12 单元格区域，如图 3-34 所示。

图 3-34 "快速录入设定"对话框（3）

在"核心成员"列中输入 1 和 2，如图 3-35 所示。

图 3-35 录入核心成员

完成后单击"确定"按钮，1 转换为"是"，2 转换为"否"，如图 3-36 所示。

A	B	C	D	E	F
人工智能社团成员信息					
编号	姓名	性别	年龄	年级	核心成员
1	李明	男	19	大一	否
2	韩亮	男	20	大二	是
3	陈红	女	18	大一	否
4	张涵	女	19	大二	否
5	陈雯	女	21	大三	否
6	王力	男	20	大三	是
7	韩亮	男	22	大四	是
8	陈亮	男	18	大一	否
9	张亮	男	19	大二	是
10	王红	女	20	大一	是

图3-36　数据转换成功

V3-3　自动化构建
数据和分组

3.2.4　自动化构建数据和分组

1. 准备数据表格

将项目 3 中提供的练习 2.xlsx 文件下载到本地，打开该文件，结果如表 3-2 所示。

表 3-2　考试分组表

考试分组				
座位号	第一组	第二组	第三组	第四组
1				
2				
3				
4				
5				
6				
7				
8				
9				
10				

2. 自动生成数据

本小节要实现的功能是在每次考试时，使用表 3-2 将 4 组（每组 10 人）学生的顺序打乱，避免作弊现象发生。此时表 3-2 中还没有学生的姓名信息，这里采用 "OfficeAI 助手" 面板调用 DeepSeek，自动生成学生姓名信息。

单击 "OfficeAI" 选项卡中的 "右侧面板" 按钮，调出 "OfficeAI 助手" 面板，在文本框中输入 "在 B3:E12 单元格区域的每个单元格中增加学生姓名，要求姓名要生活化"，如图 3-37 所示。

提交问题后，DeepSeek 大语言模型返回 VBA 代码，生成学生姓名并自动填充到 B3:E12 单元格区域，如图 3-38 所示。

3. 数据随机排序

在每次考试前需要对 4 组学生的顺序随机排序，在 "OfficeAI 助手" 面板的文本框中输入 "B3:E12 单元格区域中，将每个单元格的内容随机调换位置"。提交问题后，OfficeAI 助手调用 DeepSeek，返回 VBA 代码，并随机调换了 40 名学生的位置，结果如图 3-39 所示。

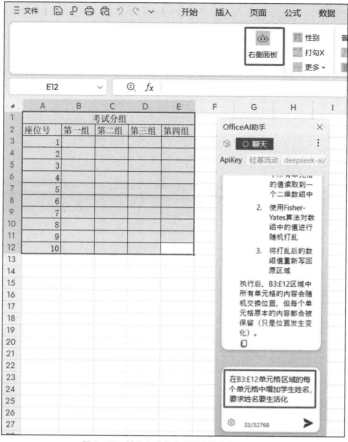

图 3-37　输入自动化生成学生姓名的提示词

座位号	第一组	第二组	第三组	第四组
	考试分组			
1	陈丽	赵强	陈丽	李海燕
2	李爱国	王小明	高小丽	李强
3	杨杰	李海军	孙强	刘建军
4	林丽	周志强	吴勇	徐小红
5	赵欣	张静	高刚	杨小丽
6	陈丽	何欣	陈建军	李敏
7	张刚	郑强	何强	赵雨轩
8	胡杰	陈小强	梁可欣	高丽
9	刘静	朱志强	罗勇	刘丽
10	何海军	黄伟	吴伟	刘伟

图 3-38　自动生成学生姓名并填充到表格中

图 3-39　随机调换 40 名学生的位置

3.2.5　自动化学情统计分析

1. 准备数据表格

将项目 3 中提供的练习 3.xlsx 文件下载到本地，打开该文件，文件包含两个工作表，分别是某个班级（28 名学生）的期中成绩表和期末成绩表，包含语文、数学、外语、物理、化学成绩。

期中成绩表如表 3-3 所示。

V3-4　自动化学情统计分析

表 3-3　期中成绩表

学号	姓名	语文	数学	外语	物理	化学
202301	张伟	100	66	96	66	83
202302	王芳	93	90	89	77	87
202303	李娜	96	97	83	92	97
202304	刘强	60	65	83	69	62
202305	陈静	68	80	63	76	87
202306	杨光	69	89	89	50	68
202307	赵雪	77	62	100	86	90
202308	黄勇	94	78	63	93	73
202309	周梅	90	62	65	78	71
202310	吴磊	82	100	71	95	64
202311	林小芳	56	70	87	75	64
202312	郑浩然	90	68	99	87	99
202313	谢佳成	74	82	82	84	73
202314	孙雨薇	76	76	94	73	83
202315	朱志强	90	69	63	67	88
202316	胡小燕	97	71	85	63	72
202317	高明亮	60	83	63	89	87
202318	徐小雨	73	65	63	89	64
202319	马天宇	97	94	73	72	76
202320	董甜甜	89	72	77	69	97
202321	叶晓峰	65	66	88	53	85
202322	金美玲	64	76	66	81	87

学号	姓名	语文	数学	外语	物理	化学
202323	廖一凡	80	51	96	93	69
202324	方小军	81	74	81	91	61
202325	韩小雪	92	83	69	77	88
202326	冯浩然	68	78	63	85	82
202327	曾美丽	60	91	86	60	66
202328	彭小强	75	86	96	78	69

期末成绩表如表 3-4 所示。

表 3-4　期末成绩表

学号	姓名	语文	数学	外语	物理	化学
202301	张伟	75	91	72	81	83
202302	王芳	93	95	72	88	84
202303	李娜	63	67	89	73	77
202304	刘强	99	99	91	97	97
202305	陈静	77	89	85	67	84
202306	杨光	66	64	76	82	79
202307	赵雪	79	98	80	66	89
202308	黄勇	94	100	80	87	76
202309	周梅	67	92	74	60	88
202310	吴磊	90	71	68	85	99
202311	林小芳	92	81	77	78	75
202312	郑浩然	78	84	81	62	70
202313	谢佳成	99	72	86	94	99
202314	孙雨薇	84	88	73	62	65
202315	朱志强	92	80	100	80	90
202316	胡小燕	77	100	62	82	67
202317	高明亮	79	82	97	81	60
202318	徐小雨	65	66	79	95	64
202319	马天宇	92	61	94	97	74
202320	董甜甜	79	96	84	97	66
202321	叶晓峰	63	61	75	98	95
202322	金美玲	74	71	91	91	71
202323	廖一凡	95	64	66	91	64
202324	方小军	77	72	80	64	66
202325	韩小雪	72	80	75	90	82
202326	冯浩然	70	84	61	79	95
202327	曾美丽	79	100	77	87	75
202328	彭小强	98	86	94	97	74

2. 数据标记

打开期中成绩表，将高于 95 分的成绩标记为绿色，将低于 60 分的成绩标记为红色。在"OfficeAI 助手"面板的文本框中输入"将 C2:G29 中数据大于 95 的标记为绿色、小于 60 的标记为红色"。

提交问题后，OfficeAI 助手调用 DeepSeek，返回 VBA 代码，并完成成绩标记，结果如图 3-40 所示。

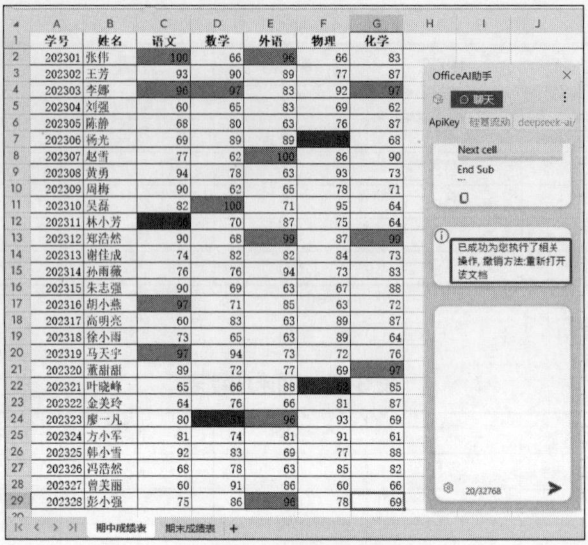

图3-40 成功标记数据颜色

3. 学情统计分析

（1）统计期中成绩和期末成绩

在对期中成绩和期末成绩进行分析时，需要统计期中、期末考试每名学生的总分和平均分，并查看总分变化情况。在"OfficeAI 助手"面板的文本框中输入"统计期中成绩表中每名学生的总分和平均分、期末成绩表中每名学生的总分和平均分，统计总分变化情况，将结果输出到统计表中"。

提交问题后，DeepSeek 返回 VBA 代码，创建统计表，计算每名学生的期中和期末的总分、平均分以及期中总分与期末总分的差值，并标记颜色，如图 3-41 所示。

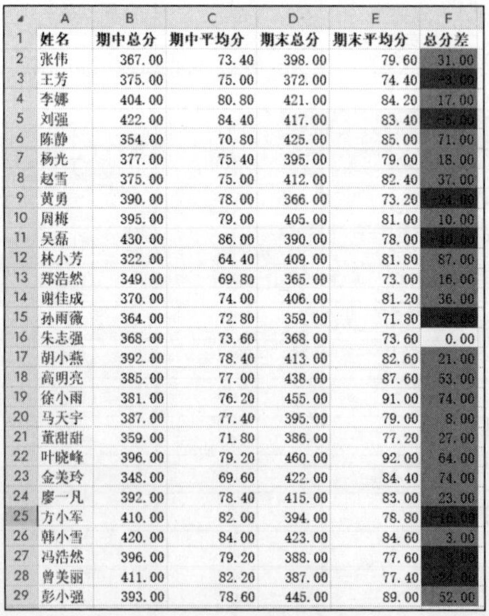

图3-41 期中、期末成绩统计表

（2）统计进步和退步学生人数

在统计表中，有的学生成绩进步了，有的退步了，计算进步和退步的学生人数并通过饼图展示。在"OfficeAI 助手"面板的文本框中输入"在统计表中，统计进步和退步的人数，并绘制饼图"。

提交问题后，DeepSeek 返回VBA 代码，统计进步和退步的学生人数，并绘制饼图，如图 3-42 所示。

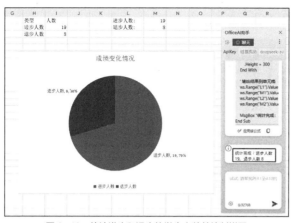

图3-42　统计进步和退步的学生人数并绘制饼图

🔍 项目小结

本项目讲解了DeepSeek助力WPS文字内容生成与排版和WPS表格数据处理，任务3-1讲解了OfficeAI助手的安装和连接到DeepSeek API服务的方法，并介绍了WPS文字内容的自动生成和排版方法；在任务3-2中介绍了表格的自动化处理，包括快速录入数据、自动化构建数据和分组以及自动化学情统计分析。

练习与思考

1. 选择题

（1）OfficeAI 助手是 Microsoft Office 和 WPS 办公软件的（　　）插件。

　　A. 云计算　　　　B. 大数据　　　　C. 人工智能　　　　D. 网络

（2）OfficeAI 助手为 WPS 文字处理提供的帮助不包括（　　）。

　　A. 智能写作助手　　　　　　　　B. 智能排版与格式优化

　　C. 文档内容智能摘要　　　　　　D. 文件解压缩

（3）OfficeAI 助手要想发挥作用，必须连接到后端的（　　）模型。

　　A. 大数据　　　　B. 大语言　　　　C. 云计算　　　　D. 网络

（4）VBA 的功能非常广泛，不包括（　　）。

　　A. 自动化任务　　　　　　　　　B. 数据分析与处理

　　C. 复杂计算与公式应用　　　　　D. 网络互联

（5）OfficeAI 助手连接 DeepSeek 后，需要启用第三方（　　）加载项。

　　A. COM　　　　B. 软件　　　　C. 网络　　　　D. 菜单

2. 填空题

（1）大语言模型通过提升 OfficeAI 助手的语言处理能力，使办公软件具备_____功能。

（2）OfficeAI 助手通过分析表格中的_____，识别其中的趋势、异常值、模式和潜在关联。

（3）OfficeAI 助手可以帮助用户自动填充_____。

3. 简答题

（1）简述 OfficeAI 助手为 WPS 文字处理提供的帮助。

（2）简述 OfficeAI 助手为表格数据处理提供的帮助。

项目 **4**

DeepSeek助力个人职场办公

🔍 项目描述

王红实习时进入了一家公司的销售部门，负责笔记本电脑的销售工作。近期主要有3项工作任务，一是配合宣传部门制作销售网站首页；二是制定全年销售策略并形成PPT；三是总结销售笔记本电脑的知识，形成个人本地知识库，方便个人使用。

项目4任务思维导图如图4-1所示。

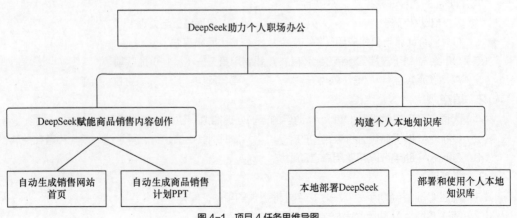

图4-1 项目4任务思维导图

任务 4-1　DeepSeek 赋能商品销售内容创作

学习目标

知识目标

- 了解 DeepSeek 生成内容的格式。
- 掌握 DeepSeek 与其他工具配合使用的场景。

技能目标

- 能够使用 DeepSeek 生成 HTML、Markdown 格式的内容。
- 能够使用 DeepSeek 和 Kimi 工具自动生成 PPT。

素养目标

- 培养从不同角度思考问题的习惯。
- 培养探索新知识的素养。

4.1.1　任务描述

为了进一步提高笔记本电脑的销售业绩，公司决定制作商品宣传网站，由王红和宣传部门负责网站首页内容的设计与制作；同时，公司要求王红制定全年的笔记本电脑销售策略，并通过 PPT 进行汇报。

4.1.2　必备知识

1. DeepSeek 生成内容的格式

DeepSeek 可以帮助用户生成各种类型的数据，常用的有以下类型。

（1）网页与文档

① 格式：HTML。

a. 能力范围：完整网页结构+CSS/JavaScript。

b. 典型用例：企业官网、数据看板、邮件模板。

c. 特色功能：支持响应式布局、动画交互、搜索引擎优化。

② 格式：Markdown。

a. 能力范围：扩展语法+图表支持。

b. 典型用例：技术文档、博客、API 说明。

c. 特色功能：兼容 GitHub 风格、Mermaid 流程图。

（2）数据与配置

① 格式：JSON。

a. 数据结构能力：嵌套对象/Schema 验证。

b. 行业应用：API、应用配置。

c. 高级特性：自动生成 Swagger 文档。

② 格式：YAML。

a. 数据结构能力：多文档流/锚点引用。

b. 行业应用：Kubernetes 配置。

c. 高级特性：自动生成 Kustomize 模板。

（3）办公与出版

① 格式：CSV。

a. 能力范围：大数据集导入/导出。

b. 适用场景：客户名录、销售报表。

c. 专业功能：自动生成数据字典。

② 格式：Excel。

a. 能力范围：公式计算/条件格式。

b. 适用场景：财务报表、项目计划。

c. 专业功能：数据透视表、宏脚本支持。

（4）开发与运维

① 格式：SQL。

a. 应用场景：数据库操作。

b. 技术细节：跨语言（MySQL/PostgreSQL）。

c. 生态工具：自动优化查询计划。

② 格式：BASH/Python。

a. 应用场景：自动化脚本。

b. 技术细节：错误处理/日志记录。

c. 生态工具：兼容 Ansible 等运维框架。

2. DeepSeek 与其他工具配合使用的场景

DeepSeek 与其他工具配合使用，可以生成更多符合用户需求的内容。以下是 DeepSeek 与其他工具配合使用的场景。

（1）常用办公组合

① 与 OfficeAI 助手组合，可以进行自动化文档处理。

② 与 Kimi 组合，可以自动化创建 PPT。

（2）开发编程工具

① 与 Visual Studio Code 组合，可以生成代码片段（Python/Java/HTML）、自动补全 API 文档注释、生成可运行的登录模块代码。

② 与 PyCharm 组合，可以创建 Django/Flask 项目框架、自动生成单元测试框架。

（3）设计创意工具

① 与 Photoshop 组合，可以生成批量处理动作脚本、自动导出切图尺寸规范。

② 与剪映组合，可以生成视频剪辑时间轴脚本、自动添加转场/字幕。

（4）云端协作平台

① 与钉钉/飞书组合，可以自动生成会议纪要模板、智能拆解待办事项。

② 与腾讯文档组合，可以实现多人协作内容智能汇总、表格数据自动同步。

（5）行业专用工具

① 与用友/金蝶（财务）组合，可以生成标准记账凭证、自动核对科目平衡。

② 与 AutoCAD（工程）组合，可以转换设计参数为绘图脚本、自动标注尺寸规范。

4.1.3 自动生成销售网站首页

1. 生成网页内容

打开 DeepSeek 提问页面，由于 deepseek-chat 模型更适合生成网页代码，因此这里不选择"深度思考（R1）"模式（使用 deepseek-chat 模型）。在文本框中输入"制作一个笔记本电脑的网站宣传首页，要求以蓝白色调为主，吸引人，输出为 HTML 格式"。提交问题后，DeepSeek 返回结果，如图 4-2 所示。

微课

V4-1 自动化生成销售网站首页

注意，图 4-2 中右上角的 3 个按钮分别是"复制""下载""运行"。单击"运行"按钮，运行该网页，结果如图 4-3 所示。

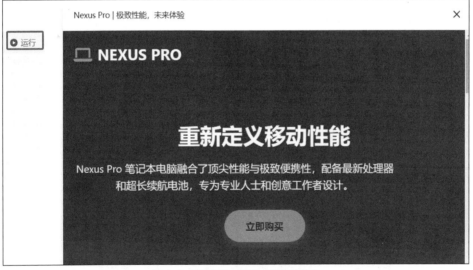

笔记本电脑宣传首页设计

html　　　　　　　　　　　　　　　　　　　　　　　　　　复制　下载　｜　运行

```html
        <div class="social-icons">
            <a href="#" class="social-icon"><i class="fab fa-facebook-f"></i></a>
            <a href="#" class="social-icon"><i class="fab fa-twitter"></i></a>
            <a href="#" class="social-icon"><i class="fab fa-instagram"></i></a>
            <a href="#" class="social-icon"><i class="fab fa-youtube"></i></a>
        </div>

        <div class="copyright">
            &copy; 2023 Nexus Technologies. 保留所有权利。
        </div>
    </div>
    </footer>
</body>
</html>
```

设计亮点

1. **蓝白渐变主题**：采用深蓝色到浅蓝色的渐变背景，体现科技感与专业感
2. **动态视觉效果**：
   ○ 笔记本电脑悬浮动画
   ○ 交互式按钮悬停效果

图 4-2　DeepSeek 返回的 HTML 代码

Nexus Pro | 极致性能，未来体验　　　　　　　　　　　　　　　　　　　　×

运行

💻 NEXUS PRO

重新定义移动性能

Nexus Pro 笔记本电脑融合了顶尖性能与极致便携性，配备最新处理器
和超长续航电池，专为专业人士和创意工作者设计。

立即购买

图 4-3　直接运行 HTML 代码后的效果

从图 4-3 可以发现，DeepSeek 可以直接运行 HTML 代码并显示网页内容。

2. 保存并查看网页

如果需要将 HTML 代码交付给其他人使用，可以单击图 4-2 中的"复制"按钮，在桌面新建一个文本文件，将 HTML 代码粘贴到文本文件中，并将该文件另存为 index.html。使用浏览器运行 index.html，结果如图 4-4 所示。

从图 4-4 可以发现，在 Windows 上使用浏览器运行 HTML 代码后，内容更加丰富。因此，王红可以直接将 index.html 文件交付给宣传部门的同事使用。

图 4-4　使用浏览器运行 HTML 代码的效果

4.1.4　自动生成商品销售计划 PPT

1．生成 Markdown 格式的销售策略

打开 DeepSeek 提问页面，选择"深度思考（R1）"模式，在文本框中输入"创建 2025 年笔记本电脑的全国年度销售计划，要求将计划细分到每个月，需要执行细节，输出为 Markdown 格式"。

输出 Markdown 格式，销售策略的内容会分层级显示，方便后续制作 PPT。提交问题后，DeepSeek 返回的结果如图 4-5 所示。

微课

V4-2　自动生成
商品销售计划 PPT

图 4-5　按月份返回商品销售策略

2. 使用 Kimi 生成 PPT

打开浏览器，访问 Kimi 官网，单击左侧的"登录"按钮，如图 4-6 所示。

图 4-6　单击"登录"按钮

使用微信扫码方式登录后，单击左侧的 ⊛ 按钮，在页面右侧单击"PPT 助手"，如图 4-7 所示。

图 4-7　单击"PPT 助手"

进入 Kimi 制作 PPT 的页面，单击图 4-5 中的"复制"按钮，将 DeepSeek 生成的 Markdown 格式文本粘贴到 Kimi 制作 PPT 的页面的文本框中，如图 4-8 所示。

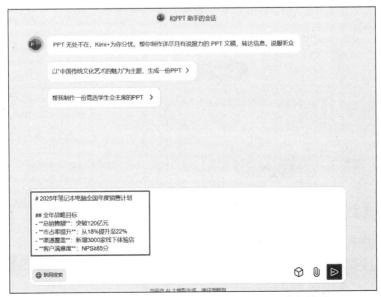

图 4-8　复制 Markdown 格式文本到制作 PPT 的页面的文本框中

单击右侧的箭头按钮，提交后，Kimi 会按照 Markdown 格式整理内容的层级关系，单击"一键生成 PPT"按钮，如图 4-9 所示。

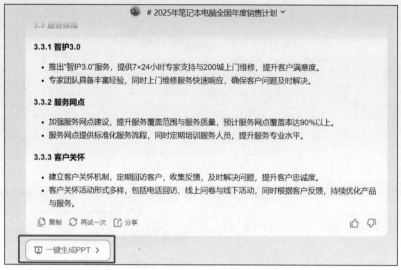

图 4-9　单击"一键生成 PPT"按钮

在弹出的页面中选择一套模板，单击右侧的"生成 PPT"按钮，如图 4-10 所示。

等待片刻，Kimi 自动创建的 PPT 如图 4-11 所示。

图 4-10　选择模板

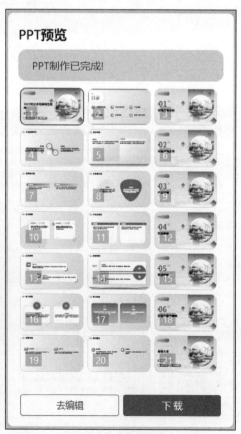

图 4-11　生成 PPT

在图 4-11 中，可以通过单击"去编辑"按钮修改生成的 PPT；也可以单击"下载"按钮将 PPT 下载到本地，进行修改或优化。

任务 4-2　构建个人本地知识库

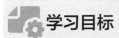

学习目标

知识目标

- 掌握本地知识库的优势。
- 掌握本地部署大语言模型的优势。

技能目标

- 能够通过 Ollama 本地部署 DeepSeek。
- 能够部署和使用个人本地知识库。

素养目标

- 培养精益求精、不断探索的品质。
- 培养根据特定工作场景选择相应技术的能力。

4.2.1　任务描述

王红作为公司的销售人员，积累了大量关于笔记本电脑和销售方面的知识。为了避免数据丢失、快速查找相关知识、实现数据的自动更新和优化，王红决定部署个人本地知识库，提升个人工作效率。

4.2.2　必备知识

1．本地知识库的优势

通过大语言模型（如 DeepSeek）部署本地知识库具有许多独特的优势。结合大语言模型的强大能力与本地知识库的高效管理，可以实现以下功能。

（1）知识扩展

大语言模型只掌握了训练完成之前的相关知识，对于训练完成之后的知识，大语言模型并不具备，虽然其可以进行联网搜索，但结果有时不够精准。建立个人本地知识库后，用户就可以将自己的数据上传到知识库中，实现精准查找。

（2）智能化搜索

大语言模型能够理解和处理自然语言查询，用户可以像与人对话一样，使用自然语言向本地知识库提问。大语言模型不仅支持基于关键字的搜索，还能理解信息的上下文、同义词和语境，提供更加精准和相关的搜索结果。

（3）个性化推荐

大语言模型能够在多个对话中"记住"之前与用户的交流内容，并根据历史信息提供更加个性化的回答。例如，模型可以通过上下文推断用户可能需要的资料或信息，从而进行相关推荐。通过对本地知识库的长期学习，大语言模型能够逐渐适应用户的知识结构和偏好，加深对用户需求的理解，从而提供更加定制化的建议和解决方案。

（4）提高决策效率

大语言模型能够对本地知识库中的数据进行处理，提供数据分析和决策支持；还可以为用户提供任务提醒、进度追踪功能，并根据已存储的任务数据提出优化建议，帮助用户有效管理项目。

（5）离线工作

本地部署大语言模型的一个核心优势是可以完全离线工作。在没有互联网连接的情况下，用户依然能够访问和使用智能化的查询、生成和分析功能，不依赖云服务或外部服务器，这对于一些特定场景（如机密数据或在偏远地区工作）非常有用。

（6）数据安全与隐私保护

通过本地部署大语言模型，所有的数据都存储在本地设备中，降低了数据泄露的风险。与云服务相比，用户可以更好地控制自己的数据，不必担心第三方公司访问或滥用数据；用户可以自行设置访问权限和加密措施，确保只有授权人员能够访问和使用知识库中的敏感数据。

（7）协作与知识共享

通过大语言模型，本地知识库可以更高效地支持团队协作。例如，模型能够在团队成员之间自动共享关键信息、整理会议记录、根据不同成员的需求提供个性化的资料推荐，团队中的不同成员可以根据共同的需求对本地知识库进行持续更新，大语言模型能够帮助分析知识库内容的更新和变化，确保团队每个成员都能迅速获取最新的、最相关的信息。

（8）自定义功能与可扩展性

大语言模型支持与本地知识库的深度集成，用户可以根据业务需求定制模型的功能。例如，某些领域的专业知识可以通过训练或调整模型使其更适应特定的行业或企业需求，随着用户需求的变化，可以通过添加新的模块、数据源或接口进一步扩展大语言模型的功能。例如，将本地知识库与客户关系管理（Customer Relationship Management，CRM）系统、项目管理工具等进行集成，提升整体工作效率。

（9）智能化学习与持续优化

大语言模型在本地知识库的应用中能够持续学习新的知识和数据，从而不断提高其智能化水平。通过学习用户新增的数据和信息，模型能更好地理解用户的工作模式、知识点和领域，从而不断优化输出的结果。

2. 本地部署大语言模型的优势

部署本地个人知识库时，需要大语言模型的支持，在具备一定的硬件条件时，尽量将大语言模型部署在本地（也可以使用网上的大语言模型）。本地部署大语言模型具有多方面的优势，主要体现在数据隐私与安全性、低延迟与高性能、成本控制等方面，以下是具体介绍。

（1）数据隐私与安全性

① 数据控制。所有数据都存储在本地，不需要传输到云端。这意味着用户或企业对数据的控制力更强，避免了云服务提供商可能带来的数据泄露风险。

② 隐私保护。特别是在处理敏感信息时，本地部署能够避免外部服务器或第三方访问数据，确保用户隐私和机密数据的安全。

③ 合规性。对于需要遵守严格数据保护法规的企业，本地部署可以确保合规性，避免外部服务带来的合规问题。

（2）低延迟与高性能

① 低延迟。本地部署消除了云服务带来的网络延迟，使得请求和响应速度更快。对于需要实时响应的应用场景（如智能助手、客户支持等），本地部署能够显著地提升性能。

② 高效计算。大语言模型通常需要强大的计算资源。通过本地硬件（如使用 GPU 或 TPU 等设备）加速可以提高推理效率，降低云计算带来的资源消耗和成本。

（3）成本控制

① 避免长期订阅费用。使用云服务时，用户通常需要为计算和存储付费，这些费用会随着使用量的增加而上升。而对于本地部署，用户一次性投资硬件设备，长期来看可以避免云服务的持续费用。

② 资源优化。本地部署允许企业或个人根据实际需求配置硬件资源，而不必为云计算服务中固定的配置和付费模式所限制。

（4）完全离线操作

① 无须依赖互联网。本地部署意味着可以在没有互联网连接的环境下运行大语言模型，适用于偏远地区、特殊场所或对网络连接依赖性较低的场景。

② 离线推理。无论在何时何地，本地部署都能保证模型的可用性，特别适用于网络连接不稳定的场景。

（5）定制与灵活性

① 个性化调整。本地部署的大语言模型可以根据特定需求进行定制。例如，可以根据特定领域的知识对模型进行训练或微调，使其更加符合业务需求或行业标准。

② 功能扩展。企业可以根据需求随时为大语言模型扩展功能或添加新的模块，保持其灵活性并最大化模型的价值。

（6）长期可维护性与独立性

① 无外部依赖。本地部署的大语言模型独立于外部云服务，减少了对第三方供应商的依赖，使得企业可以完全掌控模型的生命周期。

② 可维护性。本地部署使得企业可以自主决定何时进行模型更新、调整或优化，无须等待云服务提供商的更新周期。

（7）定制化与业务适应性

① 定制化功能。通过本地部署，企业可以根据自己的具体需求进行系统定制。例如，针对特定行业（如医疗、金融、法律等）开发特定的功能和设置语言理解能力。

② 支持多种业务流程。本地部署能够更好地与企业现有的内部系统、工具和流程进行深度集成，实现更高效的工作流和业务自动化。

（8）更好的可扩展性

① 按需扩展。本地部署允许企业根据需要扩展硬件资源（如增加 GPU、内存等），并能够根据应用需求逐步升级，而不受云服务资源的限制。

② 弹性部署。企业可以灵活调整模型的规模和资源分配，确保大语言模型在不同的工作负载下始终保持高效运行。

（9）降低外部网络风险

① 网络攻击防范。在本地部署时，外部黑客攻击的风险会大大降低，因为所有的数据处理和存储都在本地环境内进行，不会暴露在公网上。

② 数据泄露防范。由于没有数据传输到云端上，因此避免了在传输过程中可能出现的中途拦截或泄露问题，增强了数据的保密性和完整性。

（10）支持长远技术发展

① 与最新硬件兼容。本地部署的模型可以随着硬件技术的发展而升级，利用最新的处理器、加速器等设备提升计算性能，保证长期技术竞争力。

② 技术自主性。企业可以自主研发和选择适合自己业务需求的硬件和软件环境，使得技术和业务的连接更加顺畅。

3. 本地知识库的工作步骤

当部署完本地知识库之后，使用本地知识库的步骤如下。

（1）上传文档

用户将本地文档（如 Word、PDF 等文档）上传至知识库系统。

（2）存储数据

系统对文档进行预处理（如文本提取、数据清洗），并将数据转换为结构化或向量化形式存储。

（3）用户提问

用户输入问题或需求，触发知识库的检索与生成流程。

（4）向量搜索

系统通过向量搜索技术，从存储的数据中快速匹配与用户问题相关的上下文信息。

（5）提供相关上下文

将搜索到的相关数据片段作为上下文与用户问题结合，为生成答案提供依据。

（6）生成答案

基于检索到的上下文和用户问题，利用大语言模型生成符合需求的答案。

（7）返回可靠答案

系统将生成的答案返回给用户，确保答案的准确性和可追溯性。

4.2.3 本地部署 DeepSeek

1. 安装 Ollama 工具

（1）下载并安装 Ollama 工具

通过 Ollama 工具可以方便、快捷地将大语言模型部署到本地。打开浏览器，访问 Ollama 官网，单击"Download"按钮，进入下载页面，如图 4-12 所示。

微课

V4-3　本地部署
DeepSeek

图 4-12　Ollama 下载页面

选择 Windows 操作系统，单击"Download for Windows"按钮，将 Windows 版本的 Ollama 下载到本地，也可以通过本书资源下载到本地。

下载完成后，双击 OllamaSetup.exe 文件，弹出安装界面，如图 4-13 所示。

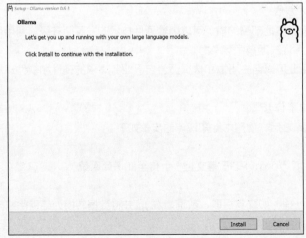

图 4-13　Ollama 安装界面

单击"Install"按钮，等待片刻，Ollama 即安装完成。

（2）使用 Ollama 工具

在"开始"菜单中选择"Ollama"选项，启动 Ollama 工具，如图 4-14 所示。

启动完成后，右击"开始"菜单，在弹出的快捷菜单中选择"运行"命令，如图 4-15 所示。

图 4-14　启动 Ollama 工具　　　　　　　图 4-15　选择"运行"命令

弹出"运行"对话框，在"打开"文本框中输入"cmd"，如图 4-16 所示。

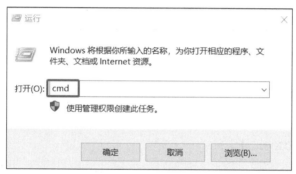

图 4-16　输入"cmd"

按 Enter 键后弹出命令提示符窗口，在其中输入"ollama"命令并按 Enter 键，输出 Ollama 可使用的命令，如图 4-17 所示。

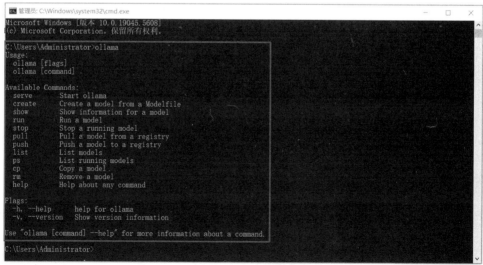

图 4-17　Ollama 可使用的命令

从图 4-17 中可以发现，Ollama 命令已经可以正常使用。

（3）访问 Ollama 的 API 地址

Ollama 在本地运行后，可以通过浏览器访问其提供的 API，地址为 http://127.0.0.1:11434/，如图 4-18 所示。

图 4-18　访问 Ollama 的 API 地址

通过结果可以发现，Ollama 已经可以正常运行。

2. 部署 DeepSeek

（1）选择 deepseek-r1:1.5b 模型

打开浏览器，访问 https://www.ollama.com/library/deepseek-r1:1.5b，选择 Ollama 模型库中的 deepseek-r1:1.5b 模型，如图 4-19 所示。

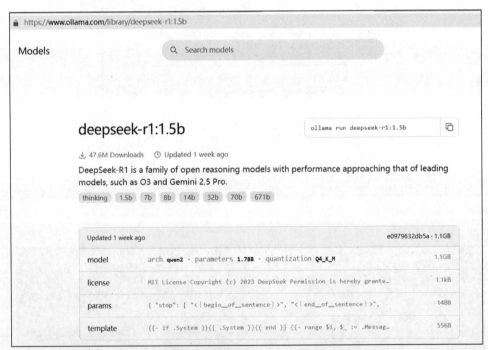

图 4-19　选择 deepseek-r1:1.5b 模型

在图 4-19 中的右侧可以发现，使用 Ollama 下载并运行 deepseek-r1:1.5b 模型的命令为"ollama run deepseek-r1:1.5b"。

（2）运行并使用 deepseek-r1:1.5b 模型

在命令提示符窗口中执行"ollama run deepseek-r1:1.5b"命令，Ollama 工具开始下载和安装 deepseek-r1:1.5b 模型，成功后如图 4-20 所示。

在图 4-20 最下面的"Send a message"处可以向模型提问，如输入"你是谁"，按 Enter 键，DeepSeek 模型会给出回答，结果如图 4-21 所示。

```
管理员: C:\Windows\system32\cmd.exe - ollama  run deepseek-r1:1.5b                    —  □  ×
serve         Start ollama
create        Create a model from a Modelfile
show          Show information for a model
run           Run a model
stop          Stop a running model
pull          Pull a model from a registry
push          Push a model to a registry
list          List models
ps            List running models
cp            Copy a model
rm            Remove a model
help          Help about any command

Flags:
-h, --help       help for ollama
-v, --version    Show version information

Use "ollama [command] --help" for more information about a command.

C:\Users\Administrator>ollama run deepseek-r1:1.5b
pulling manifest
pulling aabd4debf0c8...  100%                                              1.1 GB
pulling c5ad996bda6e...  100%                                              556 B
pulling 6e4c38e1172f...  100%                                              1.1 KB
pulling f4d24e9138dd...  100%                                              148 B
pulling a85fe2a2e58e...  100%                                              487 B
verifying sha256 digest
writing manifest
success
>>> Send a message (/? for help)
```

图 4-20　下载并安装 deepseek-r1:1.5b 模型

```
>>> 你是谁
<think>

</think>

您好！我是由中国的深度求索（DeepSeek）公司开发的智能助手DeepSeek-R1。如您有
任何问题，我会尽我所能为您提供帮助。
>>> Send a message (/? for help)
```

图 4-21　DeepSeek 模型的回答

微课

V4-4　部署和使用
个人本地知识库

4.2.4　部署和使用个人本地知识库

1. 安装本地知识库工具

打开浏览器，访问 Cherry Studio 官网，进入下载页面，如图 4-22 所示。

图 4-22　Cherry Studio 下载页面

单击图 4-22 中的"立即下载"按钮，将 Cherry Studio 下载到本地，双击本地的"Cherry-Studio-
1.2.10-x64-setup"文件，弹出 Cherry Studio 安装界面，如图 4-23 所示。

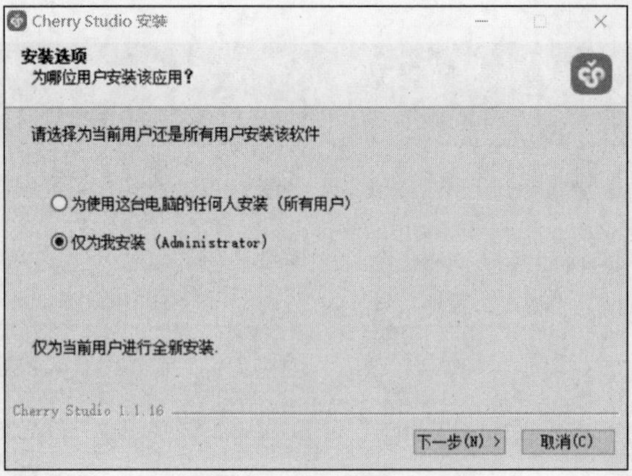

图 4-23　Cherry Studio 安装界面

单击"下一步"按钮，进入选择安装位置界面，如图 4-24 所示。

图 4-24　选择安装位置

保持默认的安装路径不变，单击"安装"按钮，等待片刻即安装完成，如图 4-25 所示。

图 4-25　Cherry Studio 安装完成

2. 配置 Cherry Studio

（1）配置 DeepSeek 本地模型

运行 Cherry Studio 工具，单击左下角的设置按钮 ⚙，在其下拉列表中选择"Ollama"选项，保持 API 地址 http://localhost:11434 不变，单击"管理"按钮，如图 4-26 所示。

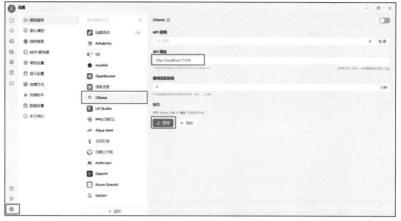

图 4-26　使用 Ollama 部署的模型

弹出"Ollama 模型"对话框，发现存在已经部署的"deepseek-r1:1.5b 模型"，单击右侧的 ➕ 按钮，嵌入 deepseek-r1:1.5b 模型，如图 4-27 所示。

图 4-27　嵌入 deepseek-r1:1.5b 模型

完成后，回到"设置"界面，发现嵌入了 deepseek-r1:1.5b 模型，如图 4-28 所示。

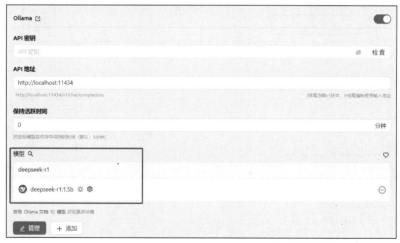

图 4-28　成功嵌入 deepseek-r1:1.5b 模型

（2）嵌入 BAAI/bge-m3 模型

当用户上传普通文档数据时，需要将普通数据转换为模型能够识别的向量数据，BAAI/bge-m3 模型即能够实现该需求。在"设置"界面选择"硅基流动"选项卡，输入在项目 2 硅基流动中创建的密钥（读者输入自己的密钥）sk-ktqfnfkzsvk××××××××××××××××××××mqoubdzjlyzpmgxk，同时单击界面右侧的 ⚪ 按钮，删除默认的 R1 和 V3 模型，单击"管理"按钮，如图 4-29 所示。

图 4-29　配置"硅基流动"选项卡

弹出"硅基流动模型"对话框，选择"BAAI/bge-m3"模型，单击右侧的  按钮，嵌入该模型，如图 4-30 所示。

图 4-30　嵌入 BAAI/bge-m3 模型

嵌入完成后，结果如图 4-31 所示。

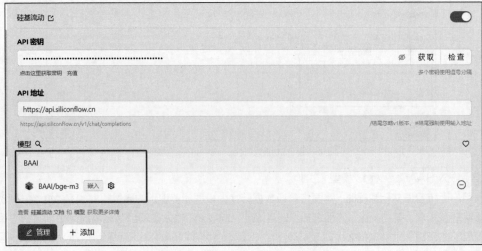

图 4-31　成功嵌入 BAAI/bge-m3 模型

3．创建并使用本地知识库

（1）使用本地部署的 deepseek-r1:1.5b 模型

打开 Cherry Studio，单击左侧的助手按钮 ，单击选择模型按钮 ，在弹出的对话框中选择本地部署的 deepseek-r1:1.5b 模型，如图 4-32 所示。

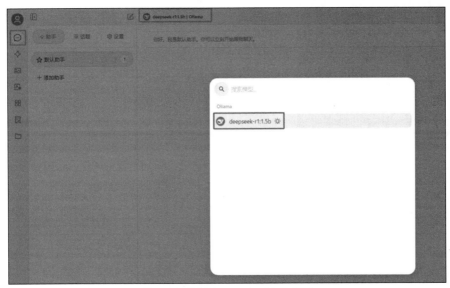

图 4-32　选择 deepseek-r1:1.5b 模型

完成后，在界面底部文本框中提问，deepseek-r1:1.5b 模型会给出回答，如图 4-33 所示。

图 4-33　使用 Cherry Studio 向本地模型提问

（2）创建本地知识库

单击 Cherry Studio 界面左侧的知识库按钮 ，单击"添加"按钮，在弹出的"添加知识库"对话框中输入知识库的名称"test"，在"嵌入模型"下拉列表中选择"BAAI/bge-m3"模型，如图 4-34 所示。

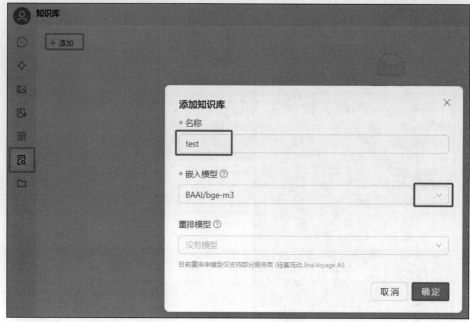

图 4-34　添加名为"test"的知识库

单击"确定"按钮，完成后，可以向本地知识库中添加文件、目录、网址、网站、笔记等资源。这里通过添加文件方式将"笔记本电脑销售相关知识文档.txt"添加到本地知识库中，如图 4-35 所示。

图 4-35　添加文件到"test"知识库

（3）使用本地知识库

单击界面左侧的助手按钮 ▣，在文本框的下方单击知识库按钮 🔁，选择"test"知识库，如图 4-36 所示。

图 4-36 选择"test"知识库

在文本框中输入"笔记本电脑的主要种类",提交问题,等待 31.4 秒后,DeepSeek 模型基于用户提供的本地知识库进行了回答,如图 4-37 所示。

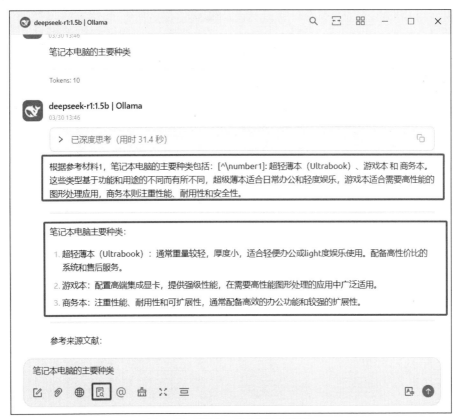

图 4-37 根据"test"知识库给出答案

用户可以根据以上方法分门别类地创建多个知识库,向每个知识库中不断添加资源,这样就可以使个人的本地知识库越来越强大。

项目小结

本项目讲解了DeepSeek大语言模型在个人职场办公中的典型应用。任务4-1讲解了如何使用DeepSeek自动生成销售网站首页，以及DeepSeek如何与Kimi配合自动生成商品销售计划PPT；任务4-2介绍了使用Ollama工具本地部署DeepSeek大语言模型的方法以及构建个人本地知识库的方法。

练习与思考

1. 选择题

（1）网页文件的扩展名是（　　）。

　　A. .docx 　　　　B. .xlsx 　　　　　C. .html 　　　　　D. .pdf

（2）使用DeepSeek生成（　　）类型的数据，方便Kimi生成PPT时进行排版。

　　A. WPS 　　　　B. Office 　　　　　C. 图片 　　　　　D. Markdown

（3）本地部署模型的优势不包括（　　）。

　　A. 离线使用 　　B. 本地存储 　　　C. 数据隐私 　　　D. 资源要求低

（4）个人本地知识库通常使用（　　）大语言模型。

　　A. 本地 　　　　B. 远程 　　　　　C. 网络 　　　　　D. 大数据

（5）将本地文档上传到知识库时，要将数据转换为（　　）数据。

　　A. 网络 　　　　B. 私有 　　　　　C. 公共 　　　　　D. 向量

2. 填空题

（1）通过大语言模型（如DeepSeek）部署＿＿＿＿＿＿具有许多独特的优势。

（2）本地部署大语言模型的一个核心优势是可以完全＿＿＿＿＿＿工作。

（3）本地部署大语言模型时，允许企业或个人根据＿＿＿＿＿＿配置硬件资源。

（4）本地部署使得企业可以自主决定何时进行＿＿＿＿＿、调整或优化。

（5）部署个人本地知识库，所有数据存储在本地设备中，降低了＿＿＿＿＿＿的风险。

3. 简答题

（1）简述DeepSeek生成内容的格式。

（2）简述本地知识库的优势。

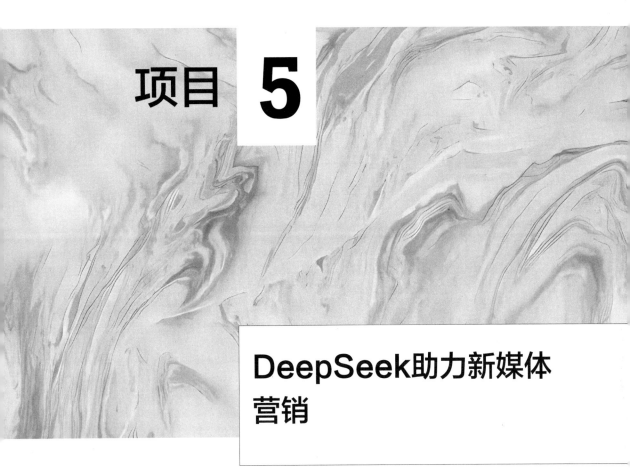

项目 **5**

DeepSeek助力新媒体营销

项目描述

　　王红毕业后加入了一家新媒体公司，专注于帮助客户通过各种平台进行产品和服务营销。她的工作覆盖了小红书、抖音、快手、微信公众号等热门新媒体平台。在日常工作中，她需要快速创作有吸引力的内容，以提高客户品牌的曝光度和产品销量。

　　为了提升服务效率，王红决定采用DeepSeek大语言模型和其他先进工具来加快内容的生产。通过大语言模型，她能够快速生成符合客户需求的文本内容，无论是广告文案、产品描述还是互动性较强的社交媒体帖子。结合图像生成工具，王红可以创作符合平台风格的高质量图片，并通过视频制作工具制作出精彩的短视频。

　　这些创新技术帮助王红大大缩短了创作周期，提高了内容的多样性和质量，增强了客户品牌的市场竞争力。

　　项目5任务思维导图如图5-1所示。

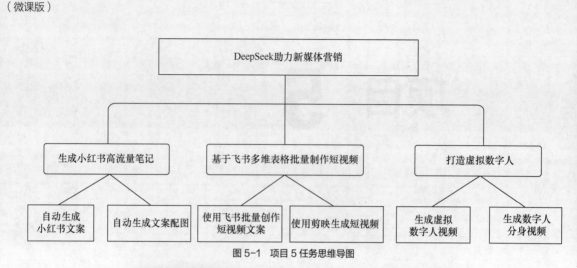

图 5-1　项目 5 任务思维导图

任务 5-1　生成小红书高流量笔记

学习目标

知识目标

- 了解小红书平台的内容要求和风格。
- 掌握小红书高流量笔记的特点。

技能目标

- 能够使用 DeepSeek 生成小红书文案。
- 能够使用豆包工具制作小红书文案的配图。

素养目标

- 提升思考和解决问题的能力。
- 培养从简单到复杂、循序渐进思考问题的习惯。

5.1.1　任务描述

王红帮助客户运营小红书账号，专注于穿搭产品的推广。利用 DeepSeek 强大的语言生成能力，王红能够快速为客户定制个性化的文案，确保内容既符合平台用户的兴趣，又具备较高的互动性。同时，王红使用豆包生成符合文案主题的精美图片，使得每篇内容都更具吸引力和可视性。通过这种高效的运营方式，客户能够在短时间内提高账号曝光度和互动量，提升品牌影响力。

5.1.2　必备知识

1. 小红书平台简介

小红书是一个以用户生成内容为核心的社交电商平台，具有独特的规则和风格。了解小红书的规则和风格，对于在平台上创作优质内容、提高互动量和曝光度至关重要。

（1）内容要求

小红书鼓励原创内容，用户上传的笔记最好是自己创作的，而非直接转载他人内容。小红书通过原创标识（如"原创"标签）对原创内容给予更高的曝光度。

小红书严格禁止发布涉及敏感政治话题、暴力、违法行为、色情、谣言等的内容，涉及这些内容的笔记会被平台删除，甚至账号会被封禁。

　　小红书对于虚假的商业宣传、未经认证的产品或夸大宣传的内容持严格监管态度，与健康、药品等领域相关的虚假信息会被严肃处理。

　　当用户发布含有广告性质的内容（如合作推广、品牌代言等）时，需要在内容中明确标注"广告"或"合作"等。未标注的违规笔记可能会被小红书处理。

　　（2）小红书的风格

　　小红书的主要用户是注重生活方式的年轻女性，内容风格以真实、生活化为主，用户分享的多为亲身体验、真实评价和日常生活中的发现。过于商业化、虚假的内容容易被其他用户识别并产生反感情绪。用户分享的内容通常是贴近生活的产品推荐、旅行日记、化妆技巧等，轻松而又真实。

　　小红书用户更愿意看到有情感色彩的内容，用户通常会通过分享个人故事、情感经历来让内容更具吸引力。让其他用户产生共鸣，能够提高用户的黏性和参与度。

　　小红书非常注重用户之间的互动，用户之间经常进行讨论、分享和互动，形成了一个全用户积极参与的社区氛围。

　　小红书的内容涵盖时尚、美妆、健康、旅游等多个领域，尤其因为面向年轻女性用户，小红书的内容风格往往与时尚、潮流相关。品牌推广、产品推荐等内容常常紧跟流行趋势和热点。

　　虽然小红书强调生活化，但其中也有许多专业性的内容，如护肤品使用技巧、职场经验分享、投资理财推荐、科技产品测评等。这类内容通常通过详细的分析和深入的解读来获取用户的信任。

　　（3）社区互动与规则

　　小红书强调用户之间的互动，内容创作者应积极与"粉丝"、其他用户进行互动，回复评论、参与讨论、转发他人的优质内容。互动不仅能提高内容的曝光度，还能提升用户的黏性。

　　评论和互动中必须保持尊重与礼貌，避免出现恶意攻击、发表侮辱性言论等不当行为，否则可能会被小红书封禁账号。

　　小红书有很多热门话题和标签，用户可以通过使用相关标签来提高内容曝光度。话题和标签可以帮助用户发现与自己兴趣相关的内容，也是小红书推荐算法的重要参考依据。使用流行标签和参与热门话题能显著提高笔记的曝光度，但要确保内容和标签匹配，避免滥用标签。

　　小红书对短视频内容特别青睐，短视频有较高的推荐权重。用户应当根据自己的内容选择合适的呈现方式，图文结合的视频会获得较好的反馈。

　　（4）平台推荐机制

　　小红书的推荐机制通过算法分析用户的兴趣和互动行为，根据用户的偏好推荐内容。因此，用户发布内容时要充分了解自己的受众，贴合目标用户的需求。用户互动越多，小红书对该用户生成的兴趣标签越精准，推荐的内容也越符合该用户的喜好。

　　小红书推荐内容的一个关键因素是质量，包括内容的原创性、真实性、互动量等。内容质量越高，曝光度就越高，小红书倾向于推荐那些具有较高互动率（互动包括点赞、评论、转发等）的内容。

　　（5）账号与"粉丝"管理

　　"粉丝"的增长通常依赖于内容的质量和互动量。用户通过稳定、高质量的内容输出，积极与"粉丝"互动，逐步积累"粉丝"。企业和品牌可以通过小红书的品牌认证功能提高账号的可信度和曝光度，并获得更多的互动机会。

　　（6）小红书的商业化功能

　　通过小红书商城，品牌商家可以直接销售产品。商家可以通过发布带有产品链接的笔记来引导用户购买产品。

　　许多品牌通过与小红书上的关键意见领袖（Key Opinion Leader，KOL）合作进行产品推广，KOL凭借其影响力和"粉丝"基础为品牌带来更高的曝光度。

2. 小红书高流量笔记的特点

　　小红书高流量笔记的成功依赖于吸引人的标题、真实的产品体验、精美的配图与视频、高互动性以及有效的行动号召。通过这些特点，笔记能够更好地吸引用户的注意、提高用户的参与度，并促使用户购买或关注。小红书高流量笔记具备以下特点。

（1）标题具有吸引力

高流量笔记的标题往往简洁、明确并且具有吸引力。标题直接表达了内容的核心，并且激发用户的好奇心或需求。常见的标题风格如下。

① 问题式：如"为什么大家都在买某产品"。

② 对比式：如"我用了某产品一个月，竟然有这些惊人变化"。

③ 数字式：如"3个步骤让你快速掌握英语语法"。

（2）情感化表达

高流量笔记通常会通过情感化的方式与用户产生共鸣。无论是通过个人故事、使用体验，还是通过分享生活中的感悟，情感化内容能够让用户产生认同感。例如，"我试用了这个产品后，感觉自己变得更加自信"或"这款产品让我在最困难的时刻得到了帮助"。

（3）真实可信的体验

用户在小红书上非常注重真实的使用体验，高流量笔记通常提供了详细的产品使用过程和效果反馈。透明的体验能够增加笔记的可信度，这种笔记通常会详细描述产品使用前后的对比效果、使用中的小技巧和心得等。

（4）高质量的图片/视频

图片/视频是小红书笔记中不可或缺的部分，精美、清晰、有创意的图片/视频能够吸引更多用户的注意力。

（5）互动性强

高流量笔记往往包含能促进用户互动的元素，如提问式结尾："你有试过这款产品吗？快来告诉我你的使用感受！"可以调动用户参与讨论，吸引用户评论、点赞、转发。

（6）有强烈的行动号召

高流量笔记通常在结尾处会有清晰的行动号召，鼓励用户采取具体的行动，如参与某个活动、抽奖等。

（7）高质量的文案内容

高流量笔记的文案通常简洁有力，避免冗长的描述，内容既能提供有价值的信息，又能抓住用户的关注点。高质量文案通常包括简洁明了的句子、有趣或引人思考的语言、高频关键词。

（8）话题性与趋势

高流量笔记往往紧跟时下的热门话题和趋势，利用小红书的热门标签，融入当前的热点内容或社会话题，如结合季节变化、节日促销、社交热点等内容，提高笔记的相关性和讨论度。

（9）社交证明

高流量笔记通常会加入社交证明，如展示其他用户的好评和反馈、名人或影响力较大的博主的推荐内容。

5.1.3　自动生成小红书文案

微课

1. 生成HTML代码

在DeepSeek提问页面的文本框中继续提问，内容如下。

根据「大学毕业生面试不同行业时的正确穿搭」为选题，生成一篇小红书图文笔记，其中一篇主笔记用于封面，4篇副笔记用于呈现内容，主笔记展示面试中穿搭规范，副笔记展示每个行业面试时的穿搭要求，5篇笔记内

V5-1　自动生成
小红书文案

容风格保持一致。要求文案内容符合小红书社区氛围，以输出内容和干货为主，生成适合在手机上浏览的HTML代码，代码中包含图片名称，每个图片都来自本地的images目录。

等待一段时间，DeepSeek返回HTML格式的回答，内容如下。

```
<!DOCTYPE html>
<html lang="zh-CN">
<head>
    <meta charset="UTF-8">
    <meta name="viewport" content="width=device-width, initial-scale=1.0">
    <title>不同行业面试穿搭指南 </title>
    <style>
        .xhs-container {
            max-width: 600px;
            margin: auto;
            font-family: system-ui;
            padding: 15px;
        }
        .main-note {
            background: linear-gradient(145deg, #F8F9FA, #FFFFFF);
            padding: 20px;
            border-radius: 15px;
            margin-bottom: 25px;
            box-shadow: 0 4px 12px rgba(0,0,0,0.08);
        }
        .sub-note {
            padding: 18px;
            margin: 20px 0;
            border-radius: 12px;
            box-shadow: 0 4px 12px rgba(0,0,0,0.08);
            border-left: 5px solid;
        }
        .finance { border-color: #2E86C1 }
        .tech { border-color: #E67E22 }
        .edu { border-color: #28B463 }
        .fashion { border-color: #8E44AD }
        .placeholder {
            height: 420px;
            border: 2px dashed #BDC3C7;
            margin: 15px 0;
            position: relative;
            overflow: hidden;
            background-size: cover;
            background-position: center;
        }
        .placeholder-img {
            width: 100%;
            height: 100%;
            object-fit: cover;
            position: relative;
            z-index: 1;
        }
        .image-caption {
            position: absolute;
            bottom: 10px;
            left: 50%;
            transform: translateX(-50%);
            color: #7F8C8D;
            font-size: 12px;
            background: rgba(255,255,255,0.9);
            padding: 4px 8px;
```

```
        border-radius: 4px;
        z-index: 2;
        white-space: nowrap;
    }
    h1, h2 { color: #2C3E50 }
    h1 {
        font-size: 24px;
        border-left: 5px solid #3498DB;
        padding-left: 12px;
        margin-top: 0;
    }
    h2 {
        font-size: 19px;
        margin: 12px 0;
        padding-bottom: 8px;
        border-bottom: 1px solid #eee;
    }
    .highlight-box {
        background: #EBF5FB;
        padding: 15px;
        border-radius: 8px;
        border: 1px dashed #3498DB;
        margin: 15px 0;
    }
    ul {
        padding-left: 22px;
        list-style: none;
        margin: 15px 0;
    }
    li {
        margin: 10px 0;
        padding-left: 25px;
        position: relative;
        line-height: 1.5;
    }
    li::before {
        content: "•";
        color: #3498DB;
        font-size: 24px;
        position: absolute;
        left: 0;
        top: -3px;
    }
</style>
</head>
<body>
    <div class="xhs-container">
        <!-- 主笔记：通用面试穿搭规范 -->
        <div class="main-note">
            <h1>封面｜面试万能穿搭公式！跨行业通用｜毕业生收藏</h1>
            <div class="placeholder" style="background:#F5F7FA">
                <img src="images/main.jpg" class="placeholder-img" alt="面试基础穿搭">
                <div class="image-caption">[模特展示基础款穿搭]</div>
            </div>
            <div class="highlight-box">
```

```
          <p>□ 通用法则<br>
              ·□ 颜色：藏青/浅灰/米白<br>
              ·□ 版型：微收腰、不紧绷<br>
              ·□ 鞋包：哑光皮质+能装 A4 文件</p>
      </div>
  </div>
  <!-- 副笔记 1: 金融行业 -->
  <div class="sub-note finance">
      <h2>副笔记 1｜投行/证券/四大面试穿搭指南</h2>
      <div class="placeholder" style="background:#F0F5FF">
          <img src="images/finance.jpg" class="placeholder-img" alt="金融行
              业穿搭">
          <div class="image-caption">[戗驳领西装三件套]</div>
      </div>
      <ul>
          <li> 正式商务装</li>
          <li> 避免过多的印花或图案</li>
          <li> 整齐的发型</li>
      </ul>
  </div>
  <!-- 副笔记 2: 互联网科技 -->
  <div class="sub-note tech">
      <h2>副笔记 2｜大厂面试穿搭规范</h2>
      <div class="placeholder" style="background:#FFF4ED">
          <img src="images/tech.jpg" class="placeholder-img">
          <div class="image-caption">[互联网行业穿搭特点]</div>
      </div>
      <ul>
          <li> 选择合适的颜色搭配</li>
          <li> 避免过于休闲的服饰</li>
          <li> 注重个人卫生和整洁度</li>
      </ul>
  </div>
  <!-- 副笔记 3: 教育培训 -->
  <div class="sub-note edu">
      <h2>副笔记 3｜教师编面试穿搭规范</h2>
      <div class="placeholder" style="background:#F6FFED">
          <img src="images/edu.jpg" class="placeholder-img" alt="教师面试穿搭">
          <div class="image-caption">[讲台前穿搭示范]</div>
      </div>
      <ul>
          <li> 简洁职业装</li>
          <li> 舒适合身</li>
          <li> 避免过于鲜艳或复杂的图案</li>
      </ul>
  </div>
  <!-- 副笔记 4: 时尚行业 -->
  <div class="sub-note fashion">
      <h2>副笔记 4｜广告/传媒/设计岗穿搭规范</h2>
```

```
        <div class="placeholder" style="background:#FFF8E6">
            <img src="images/fashion.jpg" class="placeholder-img" >
            <div class="image-caption">[广告/传媒/设计岗面试穿搭]</div>
        </div>
        <ul>
            <li> 注重创意与个性表达</li>
            <li> 保持整体干净整洁</li>
            <li> 选择合适的颜色搭配</li>
        </ul>
    </div>
    </div>
</body>
</html>
```

2. 下载代码并预览页面

（1）下载代码

在 DeepSeek 生成的内容上单击"下载"按钮，将 HTML 代码下载为本地文件，名称为 deepseek.html，如图 5-2 所示。

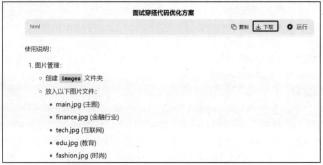

图 5-2　下载 DeepSeek 生成的文案网页

同时，DeepSeek 在使用说明中给出了图片管理说明，后续在网页中添加图片时，按照提示的标准操作即可。

（2）预览页面

使用浏览器打开下载的 deepseek.html 网页，主笔记内容如图 5-3 所示。

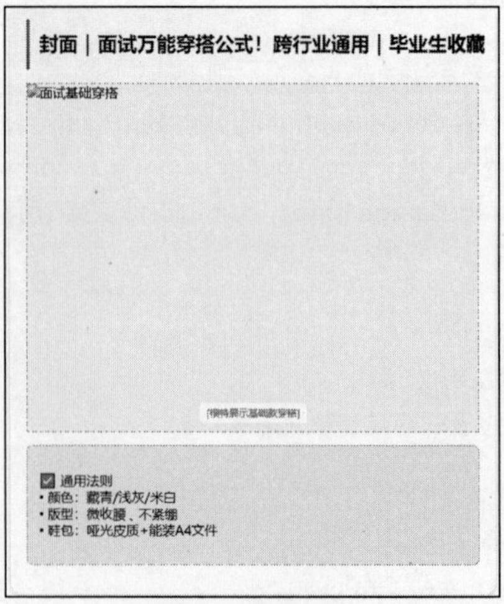

图 5-3　主笔记内容

副笔记 1 内容如图 5-4 所示。

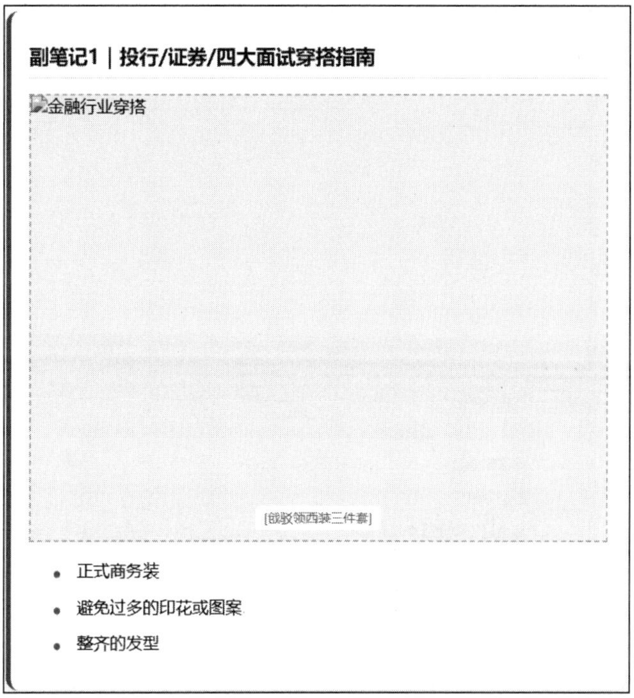

副笔记1 | 投行/证券/四大面试穿搭指南

金融行业穿搭

[剑驳领西装三件套]

- 正式商务装
- 避免过多的印花或图案
- 整齐的发型

图 5-4　副笔记 1 内容

副笔记 2 内容如图 5-5 所示。

副笔记2 | 大厂面试穿搭规范

[互联网行业穿搭特点]

- 选择合适的颜色搭配
- 避免过于休闲的服饰
- 注重个人卫生和整洁度

图 5-5　副笔记 2 内容

副笔记 3 内容如图 5-6 所示。

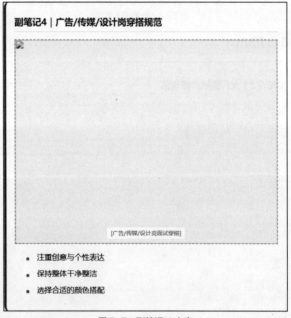

图 5-6　副笔记 3 内容

副笔记 4 内容如图 5-7 所示。

图 5-7　副笔记 4 内容

5.1.4　自动生成文案配图

1. 使用豆包生成文案图片

豆包作为人工智能工具，主要用于智能客服与内容生成。在浏览器中访问豆包官网，单击页面左侧的"AI 生图"，进入豆包 AI 生图页面，如图 5-8 所示。

微课

V5-2　自动生成
文案配图

图 5-8　豆包 AI 生图页面

在文本框中输入图片的内容描述，发送给豆包，即可生成相对应的图片。

在文本框中输入 DeepSeek 生成网页中的穿搭提示内容"面试万能穿搭公式！跨行业通用毕业生收藏，颜色：藏青/浅灰/米白，版型：微收腰、不紧绷，鞋包：哑光皮质+能装 A4 文件"，单击"比例"按钮，在弹出的比例选项中选择图片的比例为 16：9，单击右侧的箭头按钮，如图 5-9 所示。

图 5-9　输入图片描述并选择图片比例

提交后，豆包根据内容描述生成了 4 张图片，如图 5-10 所示。

图 5-10　豆包根据描述生成 4 张主封面图片

选择一张合适的图片，这里选择第 2 张图片，单击该图片放大后右击，在弹出的快捷菜单中选择"下载原图"命令，将图片下载到本地。按照此方法继续生成副笔记 1、副笔记 2、副笔记 3、副笔记 4 的图片。

2. 整理图片

在 deepseek.html 的同级目录建立 images 文件夹，将下载到本地的 5 张图片移动到 images 文件夹下，按照图 5-2 的规范修改图片的名称，如图 5-11 所示。

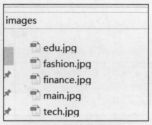

images
- edu.jpg
- fashion.jpg
- finance.jpg
- main.jpg
- tech.jpg

图 5-11　修改图片的名称

修改完成后，使用浏览器运行 deepseek.html 文件，结果如图 5-12 所示。

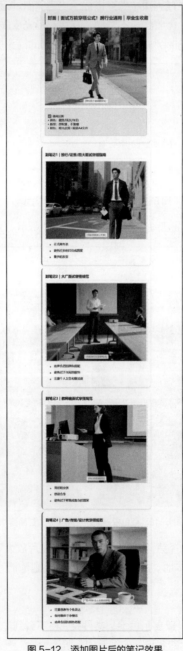

图 5-12　添加图片后的笔记效果

至此，小红书笔记即制作完成。

3．用浏览器截取长图的方法

使用 Google Chrome（Chrome 浏览器）打开 deepseek.html 网页文件，使用普通的截图方法只能截取网页的部分内容，如图 5-13 所示。

图 5-13　打开网页文件并截图

如果想截取整个文档内容并保存成一个长图，可以按 F12 键调为开发者模式，再按 Ctrl+Shift+P 组合键调为运行命令模式，在"Run>"后面输入"screenshot"，执行"Capture full size screenshot"（截取全屏截图）命令，如图 5-14 所示。

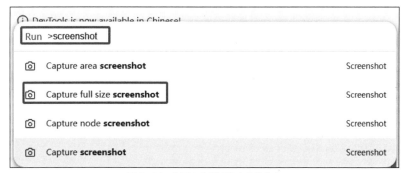

图 5-14　使用命令截取整个文档内容

浏览器自动截取整个文档内容并下载到本地目录中，如图 5-15 所示。

图 5-15　截取整个文档内容后下载文件

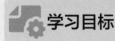

任务 5-2　基于飞书多维表格批量制作短视频

学习目标

知识目标

- 了解国内主流短视频平台。
- 掌握飞书多维表格的功能。
- 掌握常用的文生视频工具。

技能目标

- 能够使用 DeepSeek 和飞书多维表格批量生成视频脚本。
- 能够使用剪映工具生成短视频。

素养目标

- 培养刻苦钻研的品质。
- 培养分析问题和解决问题的能力。

5.2.1　任务描述

王红帮助客户运营微信视频号，专注于经典图书的推广。为了进一步提升工作效率，王红决定采用飞书多维表格批量生成图书推广视频的脚本，基于视频脚本和剪映工具实现文生视频。王红通过使用这些创新工具节省了时间和精力，成功地提升了图书推广效率和精准度，助力客户获得更好的运营效果。

5.2.2　必备知识

1. 国内主流短视频平台

国内主流短视频平台各具特色，从注重社交互动和电商结合的微信视频号、小红书，到以娱乐和个性化推荐为核心的抖音、快手，再到以知识性内容为主的知乎、B 站（哔哩哔哩）和今日头条，每个平台在短视频创作和分享方面都有独特的优势和定位，下面分别介绍。

（1）微信视频号

微信视频号是腾讯公司推出的短视频功能，内容传播形式主要是短视频和直播。微信视频号注重社交互动，支持与朋友圈、微信群的分享和互动，适合个人、企业和品牌进行内容发布和产品推广。与其他平台相比，微信视频号更加注重社交场景和内容的长期积累，是建立长期"粉丝"关系的理想平台。

（2）抖音

抖音是字节跳动公司推出的短视频平台，以短视频和娱乐内容为主，在全球拥有数亿用户。抖音的核心特点是强大的个性化推荐算法，其可以根据用户兴趣和行为推送精准内容。除了娱乐内容外，抖音还在电商、直播、社交等领域进行布局，带货直播成为其重要特色。抖音的用户群体主要是年轻人，尤其是95 后和 00 后，创作的内容种类丰富，涵盖各类生活方式和娱乐方式。

（3）快手

快手成立较早，最初以记录用户日常生活为主，后逐渐发展为综合性的短视频平台。快手的特点是更加注重普通用户和地方特色，用户群体覆盖全国城乡，其中三线及以下城市和乡村用户活跃度更高。

（4）小红书

小红书最初是一个分享购物心得的社交平台，现已扩展为涵盖生活方式、时尚、美妆、旅游等多元内容的社交电商平台。用户通过短视频和图文结合的方式，分享自己的购物体验、生活技巧等内容。小红书的用户以年轻女性为主，尤其是 90 后和 00 后，平台上涌现了大量的 KOL 和"网红"，成为品牌推广的一个重要阵地。

（5）B 站（哔哩哔哩）

B 站最初是一个以二次元文化为主的视频平台，近年来逐步拓展为多元化的创作平台，涵盖动画、游戏、娱乐、教育、生活等各类内容。B 站的用户群体主要是年轻人，尤其是 95 后和 00 后，平台的弹幕文化和社区氛围非常独特。B 站除了短视频创作之外，还有直播和 UP 主（生成内容的创作者）生态，内容创作者可以通过付费观看、打赏等方式实现盈利。

（6）知乎

知乎最初是一个以问答为核心的知识社区，后来加入了短视频功能，推出了"知乎视频"。知乎的视频内容侧重于知识分享、职场经验、科技创新等领域，视频质量较高，适合专业领域的创作者和观众。知乎的短视频更多地服务于有深度的内容创作，吸引了许多专业人士和行业专家分享知识和观点。

（7）今日头条

今日头条是字节跳动公司推出的资讯推荐平台，其通过"头条号"内置的视频发布功能进行内容发布。今日头条不仅是新闻资讯平台，也逐渐成为短视频创作者的聚集地，平台内容涵盖新闻、娱乐、科技、生活等多个领域。与抖音一样，今日头条也采用个性化推荐算法，可以精准推送用户感兴趣的短视频内容，是一个信息流和短视频内容结合的平台。

2. 飞书多维表格的功能

飞书多维表格是飞书推出的一个功能强大的协作工具，主要用于跨团队、跨部门的数据管理和分析。飞书多维表格能够帮助用户在表格中灵活处理数据、生成报告、进行决策分析等。批量生成内容是飞书多维表格中非常实用的一项功能，特别适合需要快速生成和更新大量内容的场景。以下是飞书多维表格的具体功能。

（1）与大语言模型配合批量生成内容

飞书多维表格与大语言模型结合后，能够批量生成各种内容，包括自动生成报告和总结、智能写作、分析结论、自然语言生成建议以及文本摘要。用户只需输入简单的指令，模型就会根据表格数据生成结构化的文本报告、项目进展、客户反馈分析等，甚至提供改进建议，帮助用户做出决策。通过这种方式，飞书多维表格大幅提升了文档生成、决策分析和其他日常工作的效率。

（2）批量生成数据

飞书多维表格提供了丰富的模板，用户可以直接选择合适的模板批量生成数据。模板通常包括表格结构、字段以及数据格式，可以大大节省创建新内容的时间。

用户也可以将外部数据（如 CSV、Excel 等格式的文件）批量导入表格中，一次性完成大量数据的填充，避免手动输入造成的效率低下和带来的人为错误。

（3）批量公式和自动计算

飞书多维表格允许用户在单元格中使用公式，并且可以批量应用于多个单元格。这对于需要生成计算结果（如总和、平均数、增长率等）的情况非常有用。

用户可以通过拖动单元格或利用公式填充功能快速地在整列或区域内批量应用相同的公式，自动计算并生成数据。在有规律的数据列中，飞书多维表格可以根据已有的数据模式智能生成后续内容。

（4）自动化工作流

飞书多维表格还支持与飞书机器人、自动化工作流等功能集成，允许用户设置自动化规则，可以设置当某个条件满足时，飞书多维表格自动根据模板生成报告并推送给指定人员。

配合飞书的自动化工作流，用户可以在表格中设置触发条件，批量自动更新数据或生成内容，无须手动干预。

（5）API 与批量操作

飞书多维表格提供了 API，用户可以通过编程方式与其他系统进行数据交互，批量生成内容。通过API，用户可以将外部数据源与飞书多维表格连接，实现数据的批量导入、导出和更新。

（6）协作与共享功能

飞书多维表格允许多人协作，在生成内容的同时，其他团队成员可以实时查看、编辑和评论，提升协作效率。

3. 常用的文生视频工具

随着人工智能技术的迅速发展，许多文生视频（Text-to-Video）工具也逐渐崭露头角。以下是一些常用的文生视频工具。

（1）可灵

可灵是一款国内领先的人工智能视频创作平台，其能够通过简单的文本生成视频内容。用户只需提供文字描述，系统便能自动匹配相关素材并生成短视频。可灵支持根据视频内容生成配音、字幕等功能，广泛应用于短视频创作、电商推广等领域。

（2）剪映

剪映是字节跳动公司推出的一款功能强大的视频编辑工具，虽然其更侧重于视频编辑，但也具备人工智能辅助功能。用户可以通过剪映进行快速的文本转视频创作。剪映非常适合短视频创作者，其人工智能功能可以根据用户输入的脚本和文本自动生成相关的短视频内容，并搭配动态字幕、背景音乐等元素，适合发布在社交媒体平台。

（3）快影

快影是字节跳动公司推出的另一款视频编辑工具，支持快速生成和编辑短视频。快影同样具备文本生成视频的能力，用户可以通过输入文字描述来生成短视频。快影适合社交媒体用户，而且在短视频创作和内容营销方面非常受欢迎。

（4）秒拍

秒拍是一款集短视频创作和编辑为一体的平台，用户可以通过文字、图片和视频素材快速制作短视频。秒拍提供了许多智能化的人工智能功能，能够根据文本生成相关的短视频内容。秒拍的优势在于其具备强大的社交分享功能，用户可以将视频一键发布到社交平台。

（5）视频号助手

视频号助手是微信官方推出的工具，主要服务于视频号创作者。通过该工具，用户可以快速将文本、图片等内容转换为视频。视频号助手还具有自动配音、字幕生成等功能，可以简化视频创作过程，特别适合快速生成适合微信视频号发布的短视频内容。

（6）小影

小影是一款广受欢迎的短视频编辑工具，提供了强大的人工智能编辑功能。小影可以根据用户提供的文字、图片或视频素材生成短视频，同时具备多个智能编辑选项，帮助用户快速制作适合发布在社交平台的视频。

（7）简影

简影是一个专注于短视频制作的平台，其利用人工智能技术，根据用户输入的文本快速生成短视频内容。简影提供了各种模板和特效，用户可以根据自己的需求调整视频风格和效果。

（8）爱剪辑

爱剪辑是一款全能的视频编辑软件，适用于 PC 端和移动端。爱剪辑提供了简单易用的界面和强大的编辑功能，虽然其主要特点是视频剪辑，但也支持通过文本生成视频、智能配音等。

这些工具结合了人工智能技术，具备文本分析和视频生成能力，可以帮助用户在不具备专业编辑技能的情况下，快速生成有趣和高质量的视频内容，适合短视频创作者、营销人员及普通用户进行内容创作。

5.2.3　使用飞书批量创作短视频文案

1. 批量生成文案

（1）创建多维表格

将本书提供的飞书软件下载到本地并安装到 Windows 操作系统上，安装完成后启动飞书软件，进入登录界面，如图 5-16 所示。

微课

V5-3　使用飞书
批量创作短视频文案

图 5-16　飞书登录界面

使用手机号和验证码登录飞书后，进入飞书界面，单击左侧的"多维表格"，单击"新建多维表格"按钮，如图 5-17 所示。

图 5-17　新建多维表格（1）

在弹出的"模板库"对话框中单击"新建多维表格"按钮，如图 5-18 所示。

图 5-18　新建多维表格（2）

弹出"多维表格"对话框，框中为表格的主要内容区域，如图 5-19 所示。

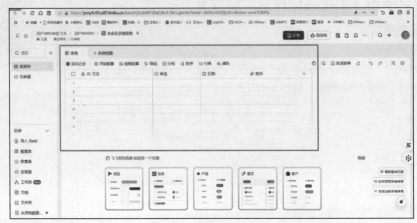

图 5-19　成功创建多维表格

（2）输入多本经典图书的名称

选择"单选""日期""附件"3 列，右击，在弹出的快捷菜单中选择"删除字段/列"命令，如图 5-20 所示，在弹出的确认消息中单击"删除"按钮，删除 3 列内容。

图 5-20　删除 3 列内容

将鼠标指针移到"文本"上，单击"文本"列右侧出现的倒三角按钮，在弹出的下拉列表中选择"修改字段/列"选项，如图 5-21 所示。

图 5-21　选择"修改字段/列"选项

在弹出的对话框中修改列的标题为"经典图书名称",单击"确定"按钮,如图 5-22 所示。

图 5-22　修改列的标题为"经典图书名称"

在"经典图书名称"列中输入 5 本经典图书的名称,如图 5-23 所示。

图 5-23　输入 5 本经典图书的名称

（3）批量生成图书视频的脚本

单击"经典图书名称"右侧的 ➕ 按钮,在弹出的对话框的"标题"文本框中输入"视频脚本",在"探索字段捷径"中选择"DeepSeek R1"模型（使用 DeepSeek 生成该列内容）,如图 5-24 所示。

图 5-24　选择"DeepSeek R1"模型

完成后，在"引用字段"处选择"经典图书名称"（第 1 列的内容），如图 5-25 所示。

图 5-25　引用"经典图书名称"列

在"输入指令"文本框中输入"我要制作一个经典图书推荐的短视频，根据经典图书名称，写一个 200 字左右的高流量短视频口播脚本，我只要口播逐字稿，不要分镜、语气，不要括号注释情绪，不要开场等说明"，在"获取更多信息"中取消选中"思考过程"复选框，开启"自动更新"选项，如图 5-26 所示。

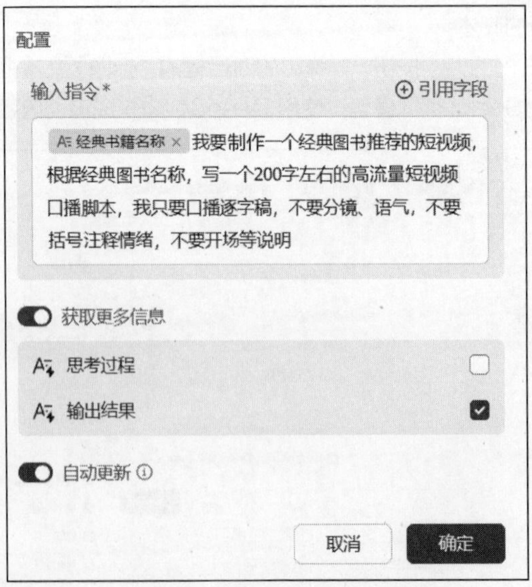

图 5-26　输入提示词并进行设置

单击"确定"按钮，弹出"是否生成全列？"对话框，单击"生成"按钮，如图 5-27 所示。

图 5-27　生成全列

生成新列后，等待片刻，DeepSeek 生成的视频脚本会输出到"视频脚本.输出结果"列中，如
图 5-28 所示。

⊞ 表格 ⋮	＋新建视图		
● 添加记录　◎ 字段配置　🖺 视图配置　▽ 筛选　⊟ 分组　↓↑ 排序　☰ 行高　◇ 填色			
□　🔒 A≡ 经典图书名称	🔗 视频脚本 AI	A⁊ 视频脚本.输出结果	＋
1　人类简史	☞《人类简史》逐字…	《人类简史》逐字稿…	
2　自私的基因	☞ 你知道母爱、友谊…	你知道母爱、友谊甚至…	
3　思考，快与慢	☞《思考，快与慢》…	《思考，快与慢》——…	
4　物种起源	☞《物种起源》！一…	《物种起源》！一本让…	
5　全球通史	☞《全球通史》到底…	《全球通史》到底有多…	
＋			

图 5-28　批量生成短视频脚本

2. 批量生成视频标题

单击"视频脚本.输出结果"列右侧的 ＋ 按钮，在弹出的对话框中设置"标题"为"短视频标题"，
在"字段类型"的"探索字段捷径"处选择"DeepSeek R1"模型，在"引用字段"处选择"视频脚本.
输出结果"，如图 5-29 所示。

图 5-29　编辑新增列

在"输入指令"文本框中输入"根据这个短视频脚本，写一个符合高流量逻辑的 50 字以内的短视频标题，我只要一个标题文案内容，不要任何其他信息"，其他设置如图 5-30 所示。

图 5-30　输入提示词并进行设置

单击"确定"按钮，生成新列，等待片刻，DeepSeek 批量生成标题内容并填充到新列中，如图 5-31 所示。

图 5-31　批量生成标题内容

5.2.4　使用剪映生成短视频

批量生成经典图书的视频逐字稿和标题后，使用剪映工具生成视频。首先打开浏览器，访问网址 https://www.jianying.com/ai-creator/start，进入剪映的 AI 文案成片页面，如图 5-32 所示。

微课

V5-4　使用剪映
生成短视频

图 5-32　剪映的 AI 文案成片页面

单击"AI 素材成片",右侧弹出"一键生成 AI 素材"页面,在飞书的多维表格中将《人类简史》的逐字稿复制并粘贴到"文案"文本框中,设置"选择风格"为"写实电影",选择"比例"为"16∶9",设置声音为"感性女生"(以上内容根据需求自由选择),单击"生成"按钮,如图 5-33 所示。

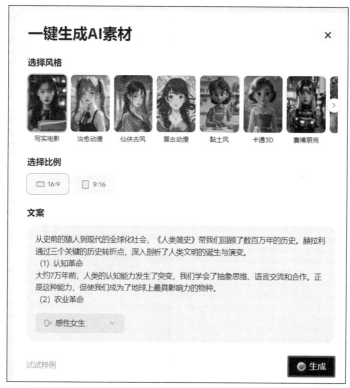

图 5-33　利用逐字稿生成短视频

弹出提示用户登录的对话框,如图 5-34 所示。

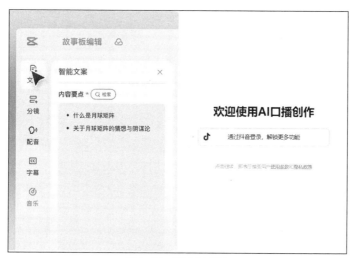

图 5-34　提示用户登录

单击"通过抖音登录,解锁更多功能"按钮,可以通过抖音 App 扫描二维码登录,也可以使用手机号和验证码登录。登录后,剪映即可根据逐字稿生成视频,如图 5-35 所示。

从图 5-35 可以看出,视频生成预计耗时 4 分钟。成功生成视频,结果如图 5-36 所示。

图 5-35　创作视频

图 5-36　成功生成视频

从图 5-36 可以发现，1 分 25 秒的短视频已经创建成功。单击播放按钮可以观看视频，单击视频上方的"去剪映编辑"按钮可以实现使用剪映编辑该视频。单击"导出"按钮，在弹出的"导出设置"对话框中输入在飞书多维表格中生成的《人类简史》图书推荐视频标题，如图 5-37 所示，单击"导出"按钮，即可将该视频下载到本地。

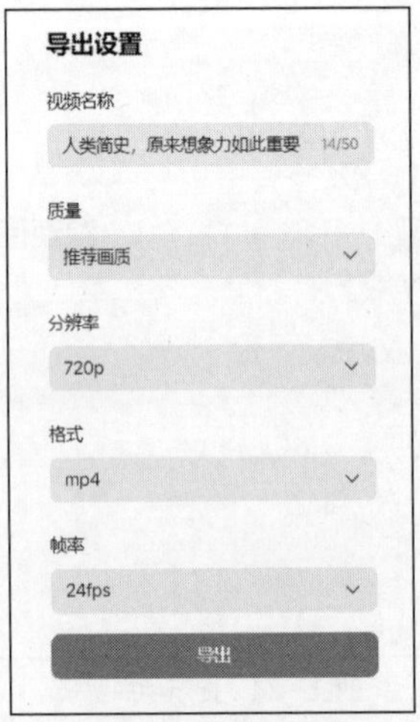

图 5-37　导出视频

按照以上生成视频的方法继续生成其他经典图书的推荐视频，下载到本地后，即可将短视频发布到微信视频号上。

任务 5-3　打造虚拟数字人

学习目标

知识目标

- 掌握虚拟数字人的特点及应用场景。
- 掌握数字人分身的特点及应用场景。

技能目标

- 能够使用蝉镜工具生成虚拟数字人视频。
- 能够使用剪映工具生成数字人分身视频。

素养目标

- 培养从简单到复杂、循序渐进思考问题的习惯。
- 培养遇到问题后冷静思考的素养。

5.3.1　任务描述

王红在帮助客户运营抖音账号时，发现客户因为工作繁忙，缺乏足够的时间进行内容创作和发布。为了解决这个问题，王红决定利用虚拟数字人和数字人分身技术来制作短视频。通过虚拟数字人技术创建一个虚拟的人物形象，保证内容的持续更新与创新，提升账号的活跃度和吸引力；通过数字人分身技术，为客户定制个性化的视频内容，涵盖产品介绍、品牌推广、生活分享等多个领域，使客户的抖音账号快速增加"粉丝"和提高曝光度。这一创新的运营模式，使得客户能够专注于业务发展而无须担心社交媒体内容的生产问题。

5.3.2　必备知识

1. 虚拟数字人的特点及应用场景

虚拟数字人是由计算机图形学、动画、人工智能等技术构建的虚拟人物，其外貌、行为和个性完全是虚拟的，不基于任何现实人物。因此，虚拟数字人的外观可以非常富有创意，甚至可以是超现实的，它们的形态、风格、行为、性格都可以完全由开发者控制。

（1）虚拟数字人的特点

① 高度可定制化。虚拟数字人能够根据需求进行高度定制，不仅在外观上可以变化（如不同的服装、发型、面部表情等），在性格和行为上也可以根据用户需求进行调整。虚拟数字人可以设计成各种形象，风格可以是卡通、未来科技感、超现实等。

② 交互性强。虚拟数字人结合自然语言处理技术和情感识别能力，能够与用户进行互动并做出反应。通过人工智能驱动，虚拟数字人能够理解并回应用户的情感、语言、动作，甚至根据环境变化调整行为。

③ 集成多种技术。虚拟数字人通常集成了面部表情识别、语音识别、动作捕捉、虚拟现实或增强现实等技术，能够给用户提供更加丰富和复杂的互动体验，这使得数字人在与用户的互动过程中更加人性化和智能化。

（2）虚拟数字人的应用场景

① 虚拟偶像。虚拟数字人可通过舞蹈、演唱等方式为"粉丝"提供娱乐体验。虚拟偶像通常具有独特的视觉风格、个性和互动方式，能够通过社交平台、直播等形式与"粉丝"互动。

② 虚拟主持人/主播。虚拟主播在直播平台上活跃，通过虚拟形象为观众提供新闻、娱乐等多元化内容，并且能够与观众互动。

③ 虚拟代言人。品牌可以将虚拟数字人作为代言人，这些虚拟人物既能展示品牌形象，又能进行全球性推广，无须担心因现实代言人的日程、形象问题或言行争议所带来的风险。

④ 互动广告。虚拟数字人能够与消费者进行实时互动，根据消费者的反应、需求等做出个性化推荐，

提升广告的互动性和消费者的参与度。

⑤ 虚拟老师。在教育领域，虚拟数字人可以作为虚拟老师，通过互动教学、答疑解惑等方式为学生提供个性化、实时的学习体验。例如，在语言学习中，虚拟老师能够与学生进行自然对话，帮助学生提升语言技能。

⑥ 沉浸式学习。在模拟训练、医学培训等专业领域，虚拟数字人可以模拟真实场景让用户进行训练，优化学习效果。

2. 数字人分身的特点及应用场景

数字人分身是通过实时的动作捕捉、语音合成与图像处理技术，根据现实人物的特征生成高度还原的虚拟形象。相比于虚拟数字人，数字人分身的特点在于其与现实世界联系紧密。通过数据采集技术，数字人分身能够"复刻"现实人物的外貌、声音和行为习惯。

（1）数字人分身的特点

① 与现实人物高度相似。数字人分身是根据现实世界的人物复制出来的虚拟形象，其外貌、声音和行为等几乎与现实人物一致。通过深度学习和高精度建模，数字人分身能够逼真地还原现实人物的特征，包括面部表情、语音特征以及肢体动作。

② 实时互动与个性化表现。数字人分身不仅能够基于数据进行静态展示，还能根据实时的输入做出动态反应。例如，利用语音识别和动作捕捉技术，数字人分身能够实时模拟并高度还原现实人物的互动行为。

③ 数据驱动与身份保持。数字人分身通过对个体特征（如语音、行为模式、肢体动作等）的持续数据采集和训练，能够长期保持与现实人物的行为一致性，甚至通过更新数据模型、进行个性化优化以适应不同场景的需求。

④ 实时生成与更新。数字人分身能够根据现实人物的实时表现生成新的虚拟形象或更新现有形象，从而使行为、外貌和表现始终贴合现实人物的特点。

（2）数字人分身的应用场景

① 远程代表。数字人分身能够替代某个具体的个体进行虚拟会议，尤其适用于高层管理人员或专家，可以在全球化团队中节省时间和成本，同时保持工作内容的高度参与感和互动性。

② 虚拟会议主持人。在大规模的虚拟会议或活动中，数字人分身可以作为主持人或发言人进行与现实人物一样的演讲和互动，帮助企业节省差旅费用。

③ 虚拟客服。数字人分身可以作为企业的虚拟客服，提供 24 小时不间断的客户支持。它们可以根据客户需求进行自定义，模仿实际员工的口吻、语气、反应，甚至根据客户的情绪进行调整，提供个性化的服务。

④ 销售代表。企业可以利用数字人分身代替销售人员进行客户沟通和产品推荐，数字人分身能在不同场合下准确传达品牌信息和产品特色。

⑤ 个性化娱乐节目。数字人分身能够根据观众的偏好、行为等个性化信息进行演出或节目定制，模拟真人表演者的形象与风格，为观众提供更加私人化的娱乐体验。

⑥ 社交媒体代言人。在社交平台上，数字人分身可以作为品牌或个人的代表进行内容创作、互动和"粉丝"管理。与虚拟偶像不同，数字人分身更多聚焦于复制和代表某个现实人物进行活动。

⑦ 虚拟社交场景。数字人分身也适用于虚拟世界中的社交互动，帮助用户在虚拟空间中与其他人交流、参与虚拟聚会或社交活动。

5.3.3 生成虚拟数字人视频

1. 生成数字人

（1）创建数字人形象

有多个可以生成数字人的平台，如蝉镜、剪映、有言、即梦等，它们的使用方法大同小异。需要注意的是，每个平台制作数字人和视频都是收费的，这里介绍蝉镜的使用方法。蝉镜赠送新注册用户一定的费用，供用户学习使用。使用浏览器访问蝉镜的官网，进入蝉镜首页，如图 5-38 所示。

微课

V5-5 生成虚拟
数字人视频

图 5-38　蝉镜首页

单击页面右上角的"登录/注册"按钮，使用手机号和验证码登录后，进入蝉镜的数字人和视频制作页面，如图 5-39 所示。

图 5-39　蝉镜的数字人和视频制作页面

单击"文生数字人"，进入文案生成数字人页面，如图 5-40 所示。

图 5-40　文案生成数字人页面

文案生成数字人包括"创建数字人形象"和"创建数字人动作"两个步骤，单击"DeepSeek 驱动"按钮，在文本框中输入"创建一个女性、讲解中国民俗的数字人"，如图 5-41 所示。

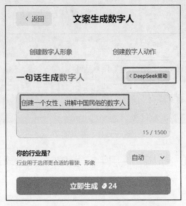

图 5-41　通过 DeepSeek 驱动创建数字人

单击"立即生成"按钮，等待一段时间，蝉镜即可创建 4 个数字人形象供用户选择，如图 5-42 所示。

图 5-42　生成 4 个数字人形象

（2）创建数字人动作

创建数字人形象后，还要创建数字人动作。在生成的 4 个数字人形象中选择一个合适的形象，这里选择第 2 个，将鼠标指针悬停在图片上，单击"生成数字人动作"按钮，如图 5-43 所示。

图 5-43　选择数字人形象后单击"生成数字人动作"按钮

进入创建数字人动作环节，如图 5-44 所示。

图 5-44　创建数字人动作

单击"立即生成"按钮，等待片刻，蝉镜即可生成数字人的动作，如图 5-45 所示。

图 5-45　生成数字人的动作

单击图 5-45 中的预览按钮 ，可以查看数字人的动作。单击"创建数字人"按钮，弹出"创建数字人"对话框。将数字人命名为"民俗讲解员"，系统默认将"积极愉悦讲知识"作为数字人声音，如图 5-46 所示。用户也可以单击右侧的倒三角按钮，根据自己的需要选择声音。单击"保存"按钮，显示保存成功，如图 5-47 所示。

图 5-46　命名和选择声音

图 5-47　数字人保存成功

单击"去查看"按钮，可以查看创建的"民俗讲解员"数字人，如图 5-48 所示。

图 5-48　查看创建的数字人

2. 生成数字人视频

（1）通过 DeepSeek 生成视频讲解文案

打开 DeepSeek 提问页面，输入"介绍端午节，大约 400 字"，等待片刻，DeepSeek 返回的结果如下。

端午节，又称端阳节、龙舟节，是中国四大传统节日之一，定于每年农历五月初五。其起源与自然天象崇拜、祛病防疫及历史人物纪念相关，最广为流传的说法是为纪念战国时期爱国诗人屈原。相传屈原投江殉国后，百姓划舟捞救、投粽护身，逐渐演化为赛龙舟与食粽的习俗。

端午节的核心习俗充满人文智慧与生活美学，如下所示。

龙舟竞渡：彩绘龙舟破浪而行，鼓点铿锵，既是纪念屈原的仪式，也象征齐心协力、奋勇争先的民族精神。

粽香传情：以箬叶包裹糯米，填入红枣、蛋黄、鲜肉等馅料，蒸煮后清香四溢，南北风味各异，承载着"包裹平安"的寓意。

避毒禳灾：家家悬挂艾草菖蒲，佩戴五彩丝线香囊，用草药洗浴以祛湿防疫，展现了古人顺应天时的健康智慧。

  当代端午节被注入更多新活力：数字博物馆复原古代祭祀场景，AR龙舟赛让传统竞技突破空间限制，年轻一代通过文创香囊、国潮粽子礼盒延续文化记忆。这个充满草木清香的节日，既是追溯先人风骨的时光隧道，也是传统文化拥抱现代生活的鲜活见证。

  （2）创作数字人视频

  单击图 5-48 中左侧导航栏中的"创建视频"，弹出"创建视频"对话框，选择"横版 16：9"样式，如图 5-49 所示。

图 5-49   选择"横版 16：9"样式

单击"立即创建"按钮，进入视频创作页面，如图 5-50 所示。

图 5-50   视频创作页面

选择左侧已创建好的数字人，将 DeepSeek 返回的端午节介绍粘贴到右侧文本框中，如图 5-51 所示。

图 5-51   粘贴文案

单击右侧"AI 配音"中的"生成并试听"按钮，再单击右上角的"生成视频"按钮，生成视频后，页面跳转到"我的视频"页面，如图 5-52 所示。

图 5-52　成功创建数字人视频

可以单击图中的视频播放视频，如图 5-53 所示。

图 5-53　播放数字人视频

也可以单击"下载"按钮将视频下载到本地，或者单击"分享"按钮分享视频链接。

5.3.4　生成数字人分身视频

1. 创建数字人分身形象

（1）上传本人口播视频

能够制作数字人分身的平台有多个，如剪映、禅镜、必剪、有言、闪剪等（如某个平台出现操作问题，读者可切换到其他平台，创建数字人分身视频），这里使用剪映创作数字人分身形象。打开浏览器，访问剪映 AI 文案成片页面，地址为

微课

V5-6　生成数字人分身视频

https://www.jianying.com/ai-creator/start，使用抖音账号或手机号登录后，选择"数字人"，如图 5-54 所示。

图 5-54　选择"数字人"

　　在右侧弹出的"数字人成片"页面中单击"定制数字人"，如图 5-55 所示，单击"我的形象"下方的 + 按钮，如图 5-56 所示。

　　弹出"定制数字人形象"对话框，分为"上传您的视频""同意书""提交"3 个步骤，如图 5-57 所示。

图 5-55　单击"定制数字人"

图 5-56　单击 + 按钮

图 5-57　"定制数字人形象"对话框

单击"将您的视频拖放到此处"，提交录制好的 10 秒～5 分钟的本人视频。

（2）上传同意书

本人视频上传完成后，单击图 5-57 中的"下一步"按钮，进入上传同意书页面，如图 5-58 所示。

图 5-58　上传同意书页面

录制一段自己朗读框内文字的视频，单击"将您的视频拖放到此处"，在弹出的对话框中选择已经录制好的同意书视频，将视频拖曳到虚线框内，单击"下一步"按钮，等待片刻，显示"提交成功"，此次数字人复制时间为 13 分钟，如图 5-59 所示。

图 5-59　成功提交视频

注意，在视频提交过程中，不要关闭图 5-59 所示的对话框。一段时间后，在首页的"数字人成片"页面中，可以发现本人的数字人形象创建成功，如图 5-60 所示。

图 5-60　成功创作数字人形象

根据此方法还可以制作多个本人的数字人形象。

2．生成分身视频

（1）使用 DeepSeek 生成视频文案

打开 DeepSeek 提问页面，输入"我正在使用数字人制作视频，请给我写一份 200 字左右介绍数字人的口播文案"，等待片刻，DeepSeek 返回的文案如下。

你是否想过，屏幕前的主播可能并非真人？这就是数字人技术带来的颠覆体验！大家好，今天带您走进虚实交融的新世界——数字人是通过人工智能深度学习、3D建模和语音合成打造的智能虚拟形象，他们能精准模仿人类的表情、动作，用媲美真人的声音进行多语种播报。

相比传统视频制作，数字人可实现 24 小时不间断创作：3 分钟生成带货口播，5 小时完成宣传片拍摄，还能一键切换主播形象和场景风格。数字人应用于企业宣传、直播电商、教育培训、新闻播报等 20 多个领域。

更令人惊叹的是，数字人正在突破次元壁——从手机屏幕到全息投影、从短视频到元宇宙空间，它们正以数字生命的形态重新定义内容生产方式。

（2）生成视频

在"数字人成片"页面选择自己的数字人形象，将 DeepSeek 生成的文案粘贴到页面下方的"文案"文本框中，单击右下角的"生成"按钮，如图 5-61 所示。

图 5-61　选择数字人形象并输入文案

等待一段时间，剪映即可生成数字人分身视频，如图 5-62 所示。

单击右上角的"导出"按钮，可将视频下载到本地，即可上传到相应的自媒体平台。

图 5-62 成功生成数字人分身视频

项目小结

　　本项目讲解了如何基于DeepSeek和相关工具赋能新媒体运营。任务5-1中讲解了使用DeepSeek生成小红书文案，并通过豆包生成笔记的配图的方法；任务5-2介绍了基于DeepSeek和飞书多维表格功能批量生成经典图书推荐的视频脚本和标题，再使用剪映工具生成经典图书推荐的视频；任务5-3中介绍了虚拟数字人视频和数字人分身视频的制作方法。

练习与思考

1. 选择题

（1）小红书平台的主要用户是（　　）。

　　A. 科技爱好者　　　　　　　　　　B. 中老年健康关注者

　　C. 注重生活方式的年轻女性　　　　D. 学术研究者

（2）剪映是由（　　）公司开发的视频剪辑工具。

　　A. 腾讯　　　　　B. 阿里巴巴　　　　　C. 百度　　　　　　D. 字节跳动

（3）豆包作为人工智能工具，主要用于（　　）。

　　A. 视频特效　　　　　　　　　　　B. 智能客服与内容生成

　　C. 电商直播　　　　　　　　　　　D. 用户隐私加密

（4）微信视频号的内容传播形式主要是（　　）。

　　A. 短视频与直播　　　　　　　　　B. 长文章分享

　　C. 纯文字动态　　　　　　　　　　D. 付费会员专享

（5）常见的短视频平台不包括（　　　）。

　　A. 淘宝　　　　　B. 微信视频号　　　　C. 抖音　　　　　D. 快手

2. 填空题

（1）小红书是一个以用户＿＿＿＿＿＿＿为核心的社交电商平台。

（2）微信视频号是＿＿＿＿＿＿＿推出的短视频功能。

（3）剪映是＿＿＿＿＿＿＿旗下的视频制作工具。

（4）数字人分身能够＿＿＿＿＿＿＿现实人物的外貌、声音和行为习惯。

（5）飞书＿＿＿＿＿＿＿是飞书推出的一个功能强大的协作工具，主要用于跨团队、跨部门的数据管理和分析。

3. 简答题

（1）简述小红书高流量笔记的特点。

（2）简述数字人分身的特点及应用场景。

项目 **6**

基于DeepSeek构建
智能体

项目描述

随着企业对智能化需求的不断增长，传统的大语言模型已难以满足这些需求。智能体作为一种具备自主学习与决策能力的系统，能够有效拓展大语言模型的应用范围，灵活适应多种业务场景并进行高效任务处理。这不仅能简化企业的业务流程，优化客户体验，还能提升企业的市场竞争力。

项目6任务思维导图如图6-1所示。

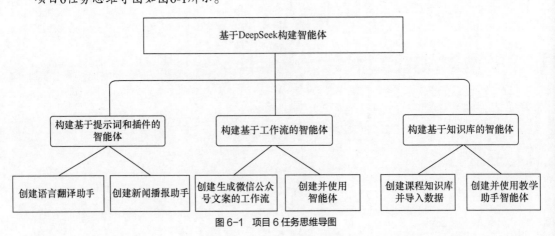

图6-1 项目6任务思维导图

任务 6-1 构建基于提示词和插件的智能体

学习目标

知识目标

- 掌握扣子智能体平台的核心功能。
- 掌握扣子智能体提示词的通用结构。
- 掌握智能体插件的功能。

技能目标

- 能够使用提示词创建语言翻译助手。
- 能够基于提示词和插件创建新闻播报助手。

素养目标

- 培养创新思维和创造力。
- 培养逻辑思维与问题解决能力。

6.1.1 任务描述

王红准备使用智能体改造公司的业务，但由于她刚刚接触智能体，因此需要学习智能体的基础知识。公司技术负责人要求王红登录字节跳动旗下的扣子智能体平台，熟悉扣子智能体平台的基本操作，利用提示词创建语言翻译助手，使用插件创建新闻播报助手。

6.1.2 必备知识

1. 扣子智能体平台

（1）扣子智能体平台概述

扣子是由字节跳动公司推出的新一代智能体开发平台，旨在为用户提供高效、低门槛的对话型智能体构建方案。该平台基于大语言模型技术，结合低代码开发模式，使开发者、企业用户、非技术人员都能快速创建功能丰富的智能对话机器人。无论是个人兴趣项目还是企业级应用，扣子智能体平台均能提供灵活的解决方案。

（2）扣子智能体平台的核心功能

① 角色定义：用户可通过自然语言描述智能体的性格、对话风格和专业。

② 知识库增强：支持上传文档（如 PDF、Word、Excel 等文档），这能让智能体学习特定领域的知识，提高回答准确性。

③ 多模态交互：除文本外，部分智能体模型还支持图像识别与生成，适用于更丰富的应用场景。

④ 内置插件：包括联网搜索、计算器、天气查询、代码执行等插件，可以扩展智能体实时信息获取与任务执行能力。

⑤ 自定义 API：开发者可接入企业私有 API，实现个性化功能（如订单查询、数据库交互等）。

⑥ 社交平台内容发布：可一键部署至微信、飞书、Discord 等主流平台。

⑦ API 调用：提供标准化接口，便于嵌入网站、App 或企业内部系统。

⑧ 网页版应用：可生成独立 H5 页面，方便测试与分享。

（3）扣子智能体平台的典型应用场景

① 教育领域：智能辅导助手、语言练习机器人、自动答疑系统。

② 企业服务：24/7 小时在线客服、HR 面试助手、数据分析查询工具。

③ 娱乐与社交：虚拟角色聊天、游戏非玩家角色（Non-Player Character，NPC）互动、个性化内容推荐。

（4）扣子智能体平台的核心优势

① 低门槛开发：可视化操作界面，无须编程基础，适合快速原型设计。

② 多模型支持：可灵活选择不同的大语言模型（如 DeepSeek、豆包、云雀等），平衡成本与性能。

③ 实时调试优化：提供对话日志分析、用户反馈跟踪等功能，帮助持续改进智能体表现。

④ 安全与合规：支持敏感词过滤、数据加密，满足企业级安全需求。

2. 扣子智能体平台提示词的通用结构

在创建智能体时，提示词是构建有效对话系统和智能助手的关键步骤。为了确保提示词能够引导智能体准确完成任务，需要了解提示词的设计规则。扣子智能体平台提示词的通用结构包括角色、目标、技能、工作流、输出格式、限制等几个部分（可以根据具体需求进行增减），如下所示。

① 角色：智能体主要职责的一句话描述。

② 目标：角色的工作目标，如果有多个目标，可以分点列出，但建议聚焦于 1～2 个目标。

③ 技能：为了实现目标，角色需要具备的技能 1；为了实现目标，角色需要具备的技能 2；为了实现目标，角色需要具备的技能 3。

④ 工作流：描述角色工作流程的第 1 步，描述角色工作流程的第 2 步，描述角色工作流程的第 3 步。

⑤ 输出格式：如果对角色的输出格式有特定要求，可以在这里强调并举例说明想要的输出格式。

⑥ 限制：描述角色在互动过程中需要遵循的限制条件 1，描述角色在互动过程中需要遵循的限制条件 2，描述角色在互动过程中需要遵循的限制条件 3。

3. 智能体插件的功能

智能体插件是扩展智能体功能的一种工具或模块，其通过与外部系统或服务进行集成，可以提升智能体的能力和灵活性。以下是智能体插件的主要功能。

（1）功能扩展

插件使智能体能够执行更多样化的任务。例如，智能体本身可能具备对话能力，但通过插件，智能体可以增加天气查询、新闻播报、翻译、数据分析等额外功能。

（2）与外部系统集成

智能体插件可以使智能体与其他系统和平台（如社交媒体、数据库、邮件系统等）无缝连接，从而实现跨平台操作和信息获取。这增强了智能体在不同环境中的适应能力。

（3）提高灵活性与可定制性

通过插件，用户可以根据需求定制智能体的功能。例如，企业可以根据自身需求为智能体添加特定领域的知识插件，或让智能体接入企业内部的应用系统。

（4）数据访问与处理

插件可以帮助智能体访问外部数据库或实时信息源（如新闻 API、金融数据源等），使智能体能够提供更准确的、实时的答案或服务。

（5）自动化任务

智能体插件能够与各种工具和服务连接，帮助用户自动化完成重复性任务，如定时报告生成、邮件回复、文件整理等，大大提高工作效率。

（6）优化用户体验

插件可以优化智能体的交互体验，如语音识别插件可以使用户通过语音与智能体交流，图像识别插件则可以让智能体处理和分析图片内容。

6.1.3 创建语言翻译助手

1. 创建并使用智能体

打开浏览器，访问扣子官网，结果如图 6-2 所示。

微课

V6-1 创建语言翻译助手

图 6-2　扣子官网首页

单击右上角的"登录扣子"按钮，使用手机号或账号登录，登录成功后，单击左侧导航菜单中的⊕按钮，如图 6-3 所示。

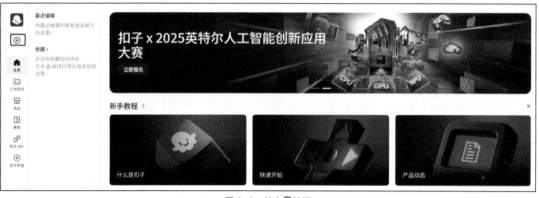

图 6-3　单击⊕按钮

弹出创建智能体或应用对话框，如图 6-4 所示。

图 6-4　创建智能体或应用对话框

将鼠标指针移到"创建智能体"上，单击出现的"创建"按钮，弹出"创建智能体"对话框，使用"标准创建"方式，在"智能体名称"文本框中输入"智能翻译助手"，在"智能体功能介绍"文本框中输入"将输入汉字转化为英文"，如图 6-5 所示。

图 6-5　创建智能体

单击"确认"按钮，弹出智能翻译助手的编辑页面。选择默认的"单 Agent（LLM 模式）"，在左侧的"人设与回复逻辑"区域输入角色和目标提示词，在中间的大语言模型选项处选择"DeepSeek-V3-0324"大语言模型，如图 6-6 所示。

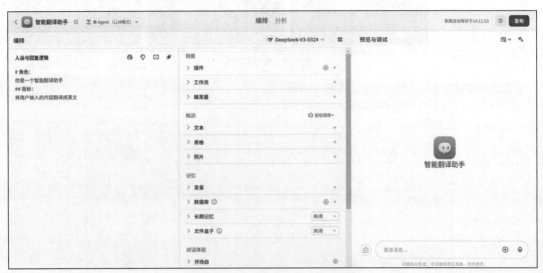

图 6-6　输入提示词和选择大语言模型

在页面右侧的"预览与调试"区域可以测试智能体的功能。在底部文本框中输入"你好"，单击右侧的箭头按钮，等待片刻，智能体返回"你好"的英文"Hello"，说明智能体已经成功实现了将中文翻译成英文的功能，如图 6-7 所示。

图 6-7　测试智能体

2. 发布智能体

单击图 6-7 右上角的"发布"按钮，弹出图 6-8 所示的"补充智能体开场白"对话框。开场白是智能体对话的起点，具有引导、吸引和设定期望的多重作用。在"开场白文案"文本框中输入"让我来帮你实现英文翻译吧"，如图 6-8 所示。

图 6-8　设置智能体的开场白

单击"确认"按钮，进入正式发布页面，可以将智能体发布到扣子商店、豆包、飞书、抖音小程序、微信、掘金、飞书多维表格等平台，还可以将智能体作为 API 或 Chat SDK 发布，实现智能体与其他应用的连接，如图 6-9 所示。

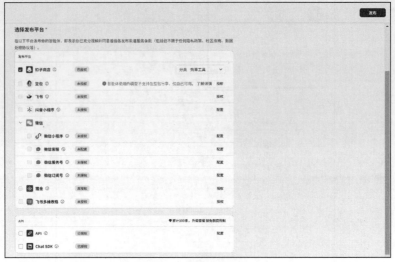

图 6-9　选择发布平台

由于扣子商店已经默认进行了授权配置，因此这里直接将智能体发布到扣子商店中。单击图 6-9 右上角的"发布"按钮，进入发布成功提示页面，如图 6-10 所示。

图 6-10　智能体成功发布到扣子商店

单击"立即对话"，或者单击"复制智能体链接"并将链接粘贴到浏览器中，都可以直接打开和使用该智能体。单击"立即对话"后，进入智能翻译助手智能体的使用页面，输入"你好"并按 Enter 键后，智能体成功将"你好"翻译成英文"Hello"，如图 6-11 所示。

图 6-11　通过浏览器直接使用智能体

同时，扣子将该智能体保存到了"工作空间"→"个人空间"→"项目开发"选项中，如图 6-12 所示。

图 6-12　扣子将智能体保存到了"项目开发"中

6.1.4　创建新闻播报助手

1. 创建智能体

按照创建智能翻译助手的方法创建新闻播报助手智能体，在"创建智能体"对话框的"智能体名称"文本框中输入"新闻播报助手"，在"智能体功能介绍"文本框中输入"介绍头条新闻 App 上包含用户输入内容的新闻"，如图 6-13 所示。

微课

V6-2　创建新闻
播报助手

图 6-13　创建智能体

单击"确认"按钮，进入新闻播报助手的编排页面，如图 6-14 所示。

2. 使用插件

（1）添加插件

在图 6-14 中选择"DeepSeek-V3-0324"大语言模型，单击"插件"右侧的 + 按钮，如图 6-15 所示。

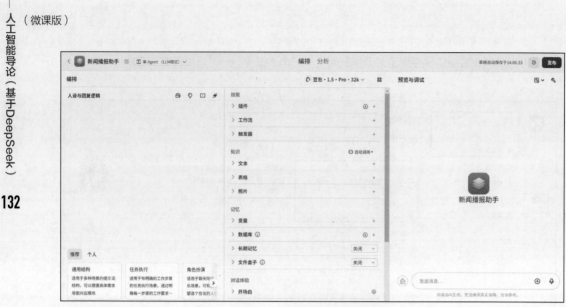

图 6-14　新闻播报助手的编排页面

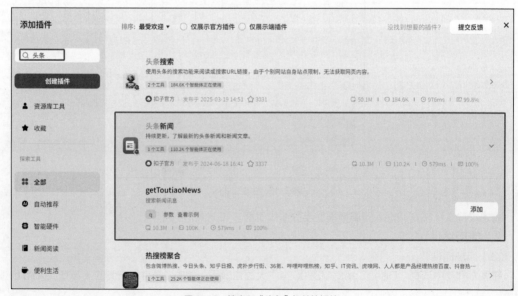

图 6-15　添加插件

弹出图 6-16 所示的对话框，在"搜索"文本框中输入"头条"，右侧会显示与"头条"相关的插件，单击"头条新闻"图标，显示"getToutiaoNews"，如图 6-16 所示。

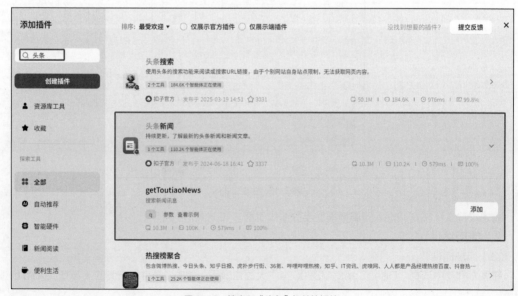

图 6-16　搜索和"头条"相关的插件

将鼠标指针悬停在"头条新闻"的"参数"上，会弹出关于参数的介绍，如图 6-17 所示。

图 6-17　查看"头条新闻"插件的参数介绍

从结果中可以发现，插件的参数名为"q"，为 string（字符串）类型。表示通过 q 参数接收输入的字符串内容，然后就可以在头条新闻中搜索到包含该关键词的新闻。

单击图 6-16 中的"添加"按钮，将该插件添加到新闻播报助手智能体中。

（2）通过提示词调用插件

在"人设与回复逻辑"中，在"角色"文本框中输入"你是一个新闻播报助手"，在"目标"文本框中输入"帮助用户搜索头条新闻上包含用户输入关键字的新闻"，在"技能"文本框中输入"1. 将用户输入的内容发送给{}"（当输入{}时，会弹出可以调用的插件），如图 6-18 所示。选择"getToutiaoNews"插件。

图 6-18　通过提示词调用插件

3. 使用智能体

在编排页面右侧"预览与调试"区域的文本框中输入"AI 创业"，发现新闻播报助手调用了头条新闻插件，列出了头条新闻上关于"AI 创业"内容的新闻，如图 6-19 所示。

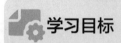

图 6-19　使用新闻播报助手

任务 6-2　构建基于工作流的智能体

学习目标

知识目标

- 理解智能体中工作流的基本概念。
- 了解工作流中节点的常用数据类型。
- 了解变量的特点。

技能目标

- 能够创建生成微信公众号文案的工作流。
- 能够创建并使用基于工作流的智能体。

素养目标

- 通过学习创建工作流，培养关注细节和精确执行的能力。
- 通过学习创建基于工作流的智能体，培养逻辑思维和问题解决能力。

6.2.1　任务描述

　　王红帮助多个客户运营微信公众号，面临着频繁的文案创作和内容优化工作。为了提高工作效率并确保文案质量，王红决定在扣子智能体平台上创建基于工作流的智能体，根据用户的输入搜索相关素材，再通过大语言模型生成个性化文案。通过自动化的内容创作和优化流程，王红不仅减少了手动编写文案的时间，而且提高了文案的质量和创意性，确保了客户的微信公众号的内容能够迅速吸引用户关注。

6.2.2　必备知识

1. 智能体中工作流的基本概念

（1）工作流简介

　　在日常工作中，工作流非常常见，如财务报销流程包括填写报销单、提交发票、财务审核、分管领导审核等多个步骤，这些步骤共同构成了一个工作流。

扣子智能体平台工作流和传统工作流的基本概念类似，但又有一些不同之处。传统工作流可以手动执行、自动执行或两者结合；而扣子智能体平台工作流则更加注重自动化和灵活性，其通过将多个步骤或任务自动执行，形成可复用的流程。

在扣子智能体平台工作流中，一个智能体可以根据不同的场景选择并执行不同的工作流。工作流不仅仅是任务的简单串联，其还支持通过可视化的方式将插件、大语言模型、代码块等不同功能进行组合，完成一些更复杂的任务。例如，工作流可以用于旅行规划、报告分析等场景。

（2）为什么需要工作流

虽然现在的大语言模型（如 DeepSeek）已经非常强大，但它们并不是在所有场景下都能够直接给出完全准确的结果。大语言模型基于概率来生成内容，这意味着在某些高精度的任务中，单纯依靠大语言模型可能得不到理想的结果。

工作流的作用就是弥补当前大语言模型的不足。通过预设的工作流，能够将多项任务自动化地串联起来，确保整个流程更加稳定、可靠。工作流能够"引导"智能体完成一些复杂的任务，提高其处理精确任务的能力和效率，从而优化用户体验。

（3）扣子工作流解决的问题

① 提示词无法达到预期效果。在扣子智能体平台创建智能体时，通常通过编写提示词来指导大语言模型生成内容。然而，有时即使反复优化提示词，仍无法达到预期效果。例如，编写长篇报告时，需要收集资料、生成大纲、分章节撰写内容等，单纯依赖提示词，大语言模型可能无法提供结构合理、内容翔实的文章。此时，通过工作流可以分阶段逐步生成报告，确保每个环节都达到预期效果。

② 需要多次调用插件或外部工具。有时，大语言模型可以调用外部工具，但如果任务涉及多个外部工具的调用，且它们之间有严格的依赖关系，则单纯依靠大语言模型可能无法顺利完成任务。例如，根据一个 URL（Uniform Resource Locator，统一资源定位符）抓取网页内容，并生成思维导图，既需要网页内容抓取插件，也需要生成思维导图的工具，这两项任务需要协调完成。通过工作流，可以将这些任务按顺序自动执行，确保正确完成。

③ 需要使用代码加工数据或生成响应。大语言模型在生成内容时有时会偏离预期，特别是在需要精确加工数据或对数据进行计算时，模型可能无法直接处理。此时，可以在工作流中加入代码节点，使用程序代码处理数据或生成响应，确保结果更加准确。例如，使用代码生成随机数或进行数据统计。

④ 需要根据某个条件执行不同的分支。在某些应用场景中，根据不同条件需要执行不同的任务或处理流程。例如，设计一个答题 Bot，用户选择不同选项后，系统会给出不同的答案。工作流可以根据条件自动切换执行不同的分支，确保为用户提供个性化的回应。

⑤ 需要在一次用户请求中多次输出消息。在一些复杂的应用中，用户的请求可能需要多次响应才能完成。例如，一个长时间运行的任务可能需要分步输出结果，以改善用户体验。通过工作流，可以设计多个消息节点，实现一次请求多次响应，让用户在等待过程中获得持续的反馈。

（4）扣子智能体平台工作流的逻辑结构

简单来说，扣子智能体平台工作流可以看作一个有唯一输入和唯一输出的有向无环图（Directed Acyclic Graph，DAG）。每个工作流由多个节点组成，每个节点都有输入和输出参数，节点之间通过有向连接表示任务执行的顺序。节点的类型可以是各种操作，如调用外部插件、执行代码块、发送消息等，所有节点的协作最终产生一个整体的输出。

2. 工作流中节点的常用数据类型

工作流存在开始和结束两个必备工作节点，开始节点的输入是用户输入的数据，结束节点的输出是工作流输出给用户的结果数据。

在工作流中还可以加入插件、大语言模型、代码模块等节点，这些节点之间的数据存在一定的关系，如某个节点的输入来自另一个节点的输出。

数据是有类型区别的，不同的工作流根据业务需求会支持不同的数据类型。工作流中节点的常用数据类型如下。

（1）Integer（整数）

① 定义：整数是指没有小数点的数字，其可以是正数、负数或0。

② 举例：-3、0、27。

③ 应用场景：如统计人数、计算年龄等。

（2）String（字符串）

① 定义：字符串是由一系列字符组成的数据，可以包括字母、数字、符号和空格。字符串通常用来表示文本信息。

② 举例："Hello World""Alice""1234"等。

③ 应用场景：如存储人的名字、地址、描述性文字、新闻文章等。

（3）Number（数字）

① 定义：数字通常分为整数和浮点数，其既包括没有小数部分的整数，也包括有小数部分的数字。

② 举例：如10（整数）、3.14（浮点数）等。

③ 应用场景：如财务计算、科学实验、价格表示等。

（4）Object（对象）

① 定义：对象是由多个属性（数据）和方法（行为）组成的复杂数据类型，用来表示一个事物或概念，通常由多个不同的数据类型组成。

② 举例：例如，表示一个人的基本信息时，采用{ "name": "Alice", "age": 25, "city": "Beijing" }对象数据类型。

③ 应用场景：如表示一名学生、一个订单、一本图书等。

（5）Boolean（布尔）

① 定义：布尔只有两个可能的值：True（真）和 False（假）。其用于表示逻辑上的两种状态，通常用于判断条件。

② 应用场景：如表示"是否完成任务""是否通过考试"等判断条件。

（6）Array（数组）

① 定义：数组是一个有序的元素集合，可以包含多个相同或不同类型的数据项，数组的元素可以通过索引访问。

② 举例：整数数组[1, 2, 3, 4]、字符串数组["apple", "banana", "cherry"]等。

③ 应用场景：如存储一组学生的成绩、一列商品的名称等。

（7）Time（时间）

① 定义：时间表示具体的时间信息，通常包括日期和时间。

② 举例：2025-04-15（日期）、14:30:00（时间）、2025-04-15 14:30:00（日期和时间）。

③ 应用场景：如任务的开始和结束时间、日程安排等。

（8）File（文件）

① 定义：文件是存储在计算机上的数据集合，可以包含文本、图像、音频等内容。文件是数据的存储载体，可以被读取、修改或保存。

② 举例：如document.pdf文件、image.jpg文件、data.csv文件。

③ 应用场景：如上传文件、下载报告、存储图片等。

（9）response_for_model（模型响应）

① 定义：模型响应是在机器学习和人工智能领域中指向一个模型返回的数据类型。通常，这种数据类型用于表示模型处理后的结果或响应。

② 举例：如{"prediction": "cat", "confidence": 0.92}。

③ 应用场景：如图像识别模型的返回结果、预测模型的预测结果等。

3. 变量的特点

变量是一个用来存储数据的"容器"，可以将其看成一个标签或者名字。变量的特点如下。

（1）有名字

每个变量都有一个名字，通过这个名字，可以访问和修改其中存储的信息。

（2）可以存储不同类型的数据

变量不仅可以存储数字，如 10、20、100，也可以存储文字（字符串），如"苹果""快乐"等。

（3）可以随时修改

变量是灵活的，可以随时更新其中存储的数据。例如，某个学生原来的成绩是
85 分，后来考试得了 90 分，可以把"成绩"变量的值更新为 90。

6.2.3　创建生成微信公众号文案的工作流

微课

V6-3　创建生成
微信公众号文案的
工作流

1. 创建工作流

使用浏览器访问扣子智能体平台官网，登录后选择"开发平台"菜单，单击"快速开始"按钮进入首页。单击左侧的"工作空间"，选择"个人空间"→"资源库"选项，将鼠标指针移动到"资源"按钮上，在打开的下拉列表中选择"工作流"选项，如图 6-20 所示。

图 6-20　选择"工作流"选项

在弹出的"创建工作流"对话框中，在"工作流名称"文本框中输入"wxgzhwa"，在"工作流描述"文本框中输入"生成微信公众号文案"，如图 6-21 所示。

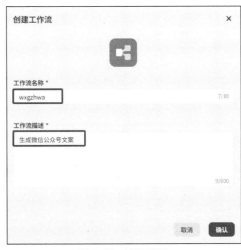

图 6-21　创建工作流

单击"确认"按钮，进入 wxgzhwa 工作流编辑初始页面，如图 6-22 所示。

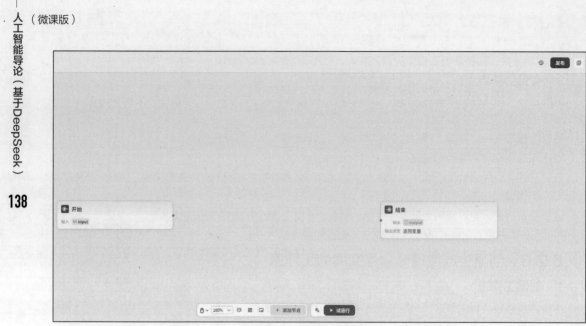

图 6-22　工作流编辑初始页面

2. 添加节点

从图 6-22 中可以发现，工作流编辑初始页面包含"开始"和"结束"两个节点，页面底部有"添加节点"和"试运行"按钮，右上角有"发布"按钮。将鼠标指针移动到"添加节点"按钮上，出现"大模型""插件""工作流""代码"等节点选项，如图 6-23 所示。选择"插件"选项，弹出"添加插件"对话框。单击扣子智能体平台官方的"必应搜索"插件图标（也可以使用其他插件，具体见微课），将鼠标指针悬停在 bingWebSearch 版本的"参数"选项，可以了解到该插件是一款搜索引擎，用来查询用户不知道的信息。插件包含 4 个参数，分别是"query""count""offset""freshness"，其中"query"参数不能为空，表示用户的查询词，如图 6-24 所示。

图 6-23　节点的类型

添加必应搜索插件后，当用户向"开始"节点输入微信公众号文案主题时，可以通过该插件查询主题相关信息。单击图 6-24 中"bingWebSearch"版本右侧的"添加"按钮，将插件添加到工作流中。

图 6-24　必应搜索插件

添加完成后，继续添加"大模型"节点，如图 6-25 所示。

图 6-25　添加"大模型"节点

添加完成后，调整 4 个节点的位置，如图 6-26 所示。

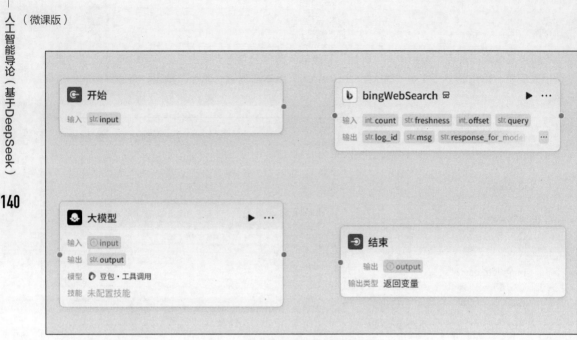

图 6-26　调整 4 个节点的位置

调整节点位置，可以在保持布局美观的同时，方便节点之间的连接操作。

3. 编辑工作流

（1）通过"边"连接 4 个节点

在工作流中，连接不同节点的线通常称为"边"，这些"边"表示数据的流向，指示工作流中不同步骤之间的关系。将鼠标指针移动到"开始"节点右侧的圆点上，拖动鼠标指针到"bingWebSearch"节点左侧的圆点。按照此方法，拖动"bingWebSearch"节点右侧的圆点到"大模型"节点左侧的圆点，拖动"大模型"节点右侧的圆点到"结束"节点左侧的圆点，如图 6-27 所示。

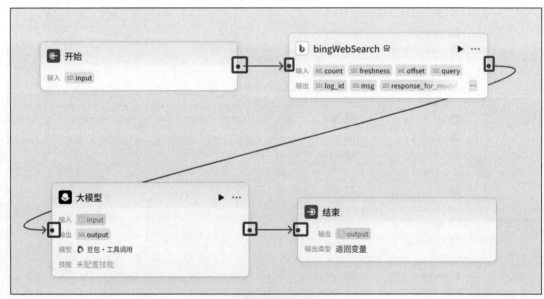

图 6-27　通过"边"连接 4 个节点

通过"边"连接 4 个节点后，即可指明数据的流向为用户输入→必应搜索→大语言模型处理→最终输出。

（2）编辑"开始"节点

单击"开始"节点，右侧弹出"开始"节点的面板，如图 6-28 所示。

图 6-28 "开始"节点的面板

"开始"节点用来接收用户输入的数据，从图 6-28 中可以看到，"开始"节点接收用户输入数据的变量名称是"input"，数据类型为 String，选中"必填"复选框。

（3）编辑"bingWebSearch"节点

单击"bingWebSearch"节点，右侧出现"bingWebSearch"节点的面板。该节点 4 个输入变量中的"query"是必填项，单击"query"右侧的六边形设置按钮，选择"开始"节点的"input"变量，即将用户输入的查询数据发送给"bingWebSearch"节点的"query"变量；其他 3 个变量采用默认设置，如图 6-29 所示。

图 6-29 "bingWebSearch"节点的面板

（4）编辑"大模型"节点

单击"大模型"节点，右侧出现"大模型"节点的面板，保持默认的"单次"运行选项，在"模型"下拉列表中选择"DeepSeek-R1"模型，如图 6-30 所示。

图 6-30　选择"DeepSeek-R1"模型

在"输入"选项组中单击"input"变量名右侧的六边形设置按钮，如图 6-31 所示。

图 6-31　设置变量"input"的值

选择"bingWebSearch"节点的"response_for_model"选项，作用是将"bingWebSearch"节点的"response_for_model"变量结果发送给大语言模型，如图 6-32 所示。

图 6-32　选择"response_for_model"选项

在"系统提示词"文本框中输入"你是一个微信公众号的编辑，将用户输入的内容整理成微信公众号高流量文案，输出给用户"，在"用户提示词"文本框中输入"{{input}}"（这里的"{{input}}"是图6-31中变量"input"的值），输出内容保持不变，如图6-33所示。

图6-33　设置系统提示词和用户提示词

（5）编辑"结束"节点

单击"结束"节点，单击"output"变量右侧的六边形设置按钮，选择"大模型"插件的"output"（输出结果）选项，即将"结束"节点输出给用户的结果设置成大语言模型的输出结果，如图6-34所示。

图6-34　选择"output"选项

4. 试运行工作流

单击图 6-25 中的"试运行"按钮，右侧弹出"试运行"面板。在文本框中输入"DeepSeek 使用技巧"，如图 6-35 所示。单击底部的"试运行"按钮，等待 4 个节点全部运行完成，结果如图 6-36 所示。

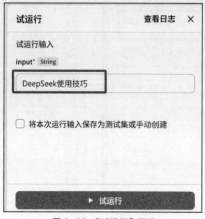

图 6-35 "试运行"面板

图 6-36 试运行结果

单击图 6-36 中的"预览"按钮，生成微信公众号文案，如图 6-37 所示。

图 6-37 微信公众号文案

5. 发布工作流

单击页面右上角的"发布"按钮,在弹出的对话框中输入版本描述,单击"发布"按钮,如图 6-38 所示。

图 6-38 发布工作流

工作流发布完成后,即可在首页的"资源库"中看到刚刚发布的工作流,如图 6-39 所示。

资源库

资源	类型	编辑时间
wxgzhwa ✔️ 生成微信公众号文案	工作流	2025-04-15 17:46

图 6-39 查看发布的工作流

6.2.4 创建并使用智能体

1. 创建智能体

在首页左侧单击⊕按钮,如图 6-40 所示。

图 6-40 单击⊕按钮

V6-4 创建并使用
智能体

弹出"创建智能体"对话框,将鼠标指针悬停到"创建智能体"上,单击"创建"按钮,输入智能体的名称和功能介绍,如图 6-41 所示。

2. 添加工作流

(1)在智能体中添加工作流

单击图 6-41 中的"确认"按钮,在智能体页面中选择"DeepSeek-V3-0324"模型,单击"工作流"右侧的⊕按钮,如图 6-42 所示。

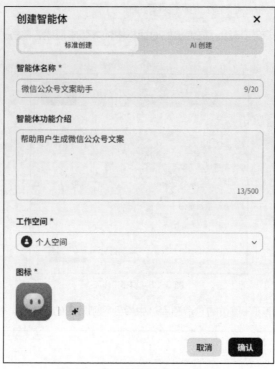

图 6-41　输入智能体的名称和功能介绍

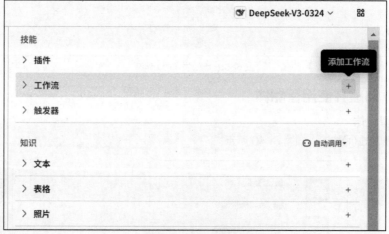

图 6-42　添加工作流

在弹出的"添加工作流"对话框中选择创建的 wxgzhwa 工作流，单击右侧的"添加"按钮，如图 6-43 所示。

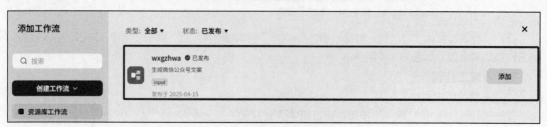

图 6-43　添加 wxgzhwa 工作流

（2）调用工作流

工作流添加完成后，在智能体左侧"人设与回复逻辑"区域设置智能体的角色、目标和技能，如图 6-44 所示。

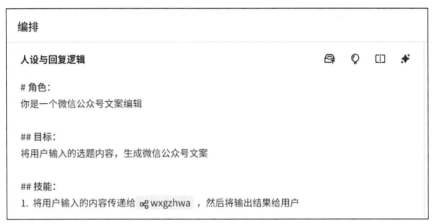

图 6-44 设置"人设与回复逻辑"

其中，在配置技能时，将用户输入的内容传递给 wxgzhwa 工作流。

3. 使用智能体

在智能体页面右侧的文本框中输入"DeepSeek 使用技巧"并按 Enter 键，等待一段时间，结果如图 6-45 所示。

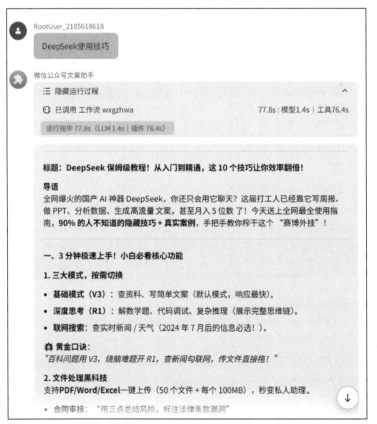

图 6-45 使用智能体

通过图 6-45 所示的结果可以发现，使用智能体时会调用 wxgzhwa 工作流，返回"DeepSeek 使用技巧"文案内容。

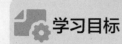

任务 6-3　构建基于知识库的智能体

学习目标

知识目标

- 了解知识库的作用。
- 掌握扣子知识库支持的数据类型。

技能目标

- 能够创建课程知识库并导入数据。
- 能够创建并使用教学助手智能体。

素养目标

- 培养将复杂问题进行拆分和组装的能力。
- 培养仔细认真的工匠精神。

6.3.1　任务描述

王红近期正在为一所高校提供与人工智能相关的技术支持，李亮是云计算技术应用专业的负责人，在该领域的教学和科研中积累了大量宝贵的教学素材。随着专业和课程建设的不断推进，李亮意识到传统的素材管理方式已无法满足日益增长的教学需求。

王红建议李亮通过扣子智能体平台建立一个全面的课程资源库，并告诉李亮，资源库应采取灵活的在线平台形式，便于师生随时获取资源，而且还应支持在线更新与扩展功能。课程资源库可以确保教学内容的时效性与前沿性，不仅能提升教学管理效率，还能大大增强学生的实践能力，为云计算技术应用专业的持续发展提供强有力的支持。

6.3.2　必备知识

1. 知识库的作用

知识库能够弥补 DeepSeek 等大语言模型的不足，其作用如下。

（1）信息的准确性和权威性

大语言模型是基于大量数据训练的，虽然其能生成流畅的回答，但并不能保证每个答案完全准确或权威。大语言模型可能会生成错误的信息或缺乏对特定领域的深入理解。

知识库是经过人工审核和管理的信息源，通常包含经过验证、可靠和准确的资料。知识库提供了一个相对稳定和权威的信息来源，减少了出现错误信息的风险。

（2）信息的实时更新与控制

大语言模型的知识是静态的，通常基于它的训练数据集，而这些数据集是有时效性的（例如，数据集可能包含的最新信息是在某个时间点之前的）。

知识库可以根据最新的变化或需求进行持续的更新和管理，确保其内容始终反映最新的事实、数据和信息。这对于需要频繁更新的信息（如技术文档、法规等）尤为重要。

（3）定制化与专有知识

大语言模型虽然非常强大，但其并不是针对特定公司或行业的定制化解决方案。大语言模型的回答是普遍性的，可能无法完全符合某一领域、行业或公司特有的需求。

知识库可以根据特定业务的需求定制，包含企业内部的流程、产品信息、操作手册等，适合企业或团队内部的知识共享和传承。

（4）搜索和结构化知识

大语言模型虽然能够回答各种问题，但其回答通常基于生成的文本形式，可能没有清晰的结构，无法直接提供用户所需的精确文档或详细信息。

知识库通常是结构化的，支持通过搜索引擎、标签、分类等方式快速定位具体的文档或数据，用户可以直接获取具体信息，而不需要依赖模型生成的文字。

（5）更高效的专业支持

大语言模型虽然可以提供一般性的回答，但在面对复杂的专业问题时，其可能无法像专业领域的专家那样深入、细致地解答。

知识库可以包含详细的操作手册、技术文档、常见问题解答等，为专业人员提供精准、高效的支持，特别是在技术或法律等需要高精度内容的领域中。

（6）用户自定义与安全性

大语言模型并不能完全控制内容的输出方向，也可能因输入内容的模糊性或不明确性产生不必要的风险或生成不符合组织要求的内容。

知识库可以根据具体需求设置权限、设置内容的审查机制和进行访问控制，确保敏感信息的安全性，避免非授权人员访问或修改关键内容。

（7）减少依赖与优化效率

大语言模型虽然强大，但每次使用其生成答案可能需要消耗计算资源，且在一些特定情况下，其生成的答案可能不够直接或精确。

知识库提供了一个快速检索和高效获取信息的渠道，减少了对大语言模型的频繁依赖，其可以在短时间内提供最相关的、经过验证的信息，提升工作效率。

2. 扣子知识库支持的数据类型

扣子知识库支持 3 种主要的数据类型：文本格式、表格格式和照片类型，下面分别介绍。

（1）文本格式

文本格式是扣子知识库中最常用的数据格式之一，其支持多种来源的文本数据，包括本地文档、在线数据以及各种第三方平台的内容。这些文本数据可以为知识库提供丰富的信息源，支持多种数据源的集成和处理。

（2）表格格式

表格格式通常用于存储结构化数据，如数值、列表、表格信息等。这些数据在扣子知识库中可以用于查询、分析和展示等多种场景。

（3）照片类型

照片类型支持各种常见的图像格式，通常用于存储和分析非文本信息，或者用于辅助展示，如图表、截图、照片等。

6.3.3 创建课程知识库并导入数据

1. 创建知识库

使用浏览器访问扣子智能体平台官网，登录后选择"开发平台"菜单，单击"快速开始"按钮，进入首页。单击左侧的"工作空间"，选择"个人空间"→"资源库"选项，如图 6-46 所示。将鼠标指针悬停在"资源"按钮上，在打开的下拉列表中选择"知识库"选项，如图 6-47 所示。

微课

V6-5 创建课程
知识库并导入数据

图 6-46　选择"资源库"选项

图 6-47　选择"知识库"选项

在弹出的"创建知识库"对话框中选择"创建扣子知识库"选项，保持默认的文本格式，"名称"设置为"专业课程教学资源"，"描述"设置为"云计算技术应用专业教学资源"，"导入类型"选择"本地文档"，如图 6-48 所示。

2. 导入数据

单击图 6-48 中的"创建并导入"按钮，进入新增知识库页面，如图 6-49 所示。

在新增知识库页面可以上传本地文档到知识库中，分为"上传""创建设置""分段预览""数据处理"4 个步骤，支持 PDF、TXT、DOC、DOCX、MD 格式，每个文件不能超过 100MB，PDF 文件最多500 页。

图 6-48　创建知识库

图 6-49　新增知识库页面

下载本书提供的课程资源到本地，如图 6-50 所示。

Docker容器技术课程 教学内容.docx

Kubernetes容器部署与应用 教学内容.docx

Linux操作系统课程 教学内容.docx

课程体系.docx

配置管理 Apache 服务.docx

虚拟化技术 课程教学内容.docx

云计算网络技术课程 教学内容.docx

图 6-50　课程教学资源

单击图 6-49 中的"点击上传或拖拽文档到这里"，将下载到本地的课程资源上传。课程资源上传成功后，单击"下一步"按钮，如图 6-51 所示。

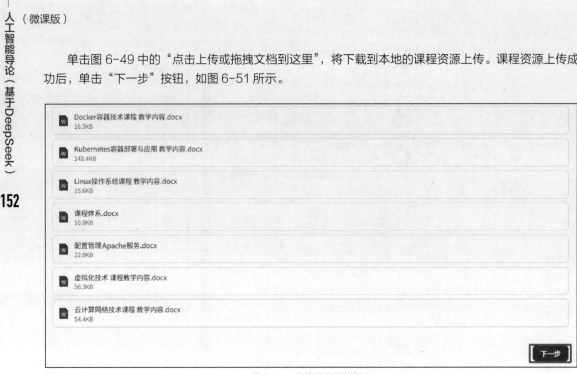

图 6-51　上传课程教学资源

在"创建设置"环节应重点关注"分段策略"。知识库中的分段策略指的是将大量信息或知识进行结构化拆分，便于存储、管理、查找和检索。这些分段策略在组织和使用知识库时起到了关键作用，能够提高信息的可访问性和有效性。

"分段策略"选择"自定义"，设置"分段标识符"为"自定义"，默认以"###"为分段标识符，设置"分段最大长度"为 5000，设置"分段重叠度%"为 0。由于课程资源内容以课程教学内容（课程目录）为主，内容较少，因此完成自定义配置后不进行内容分段，如图 6-52 所示。

图 6-52　设置分段策略

单击图 6-52 中的"下一步"按钮，在"分段预览"环节可以查看各个文件的原始文档和预览情况，如图 6-53 所示。

图 6-53　分段预览

单击"下一步"按钮，进入"数据处理"环节，等待全部内容处理完成，如图 6-54 所示。

图 6-54　数据处理

单击图 6-54 中的"确认"按钮，进入"专业课程教学资源"知识库页面，如图 6-55 所示。在页面左侧可以发现知识库包含 7 个文档、7 个分段，0 命中的原因是还没有使用该知识库。可以通过右侧的"添加内容"按钮继续向知识库中添加资源。

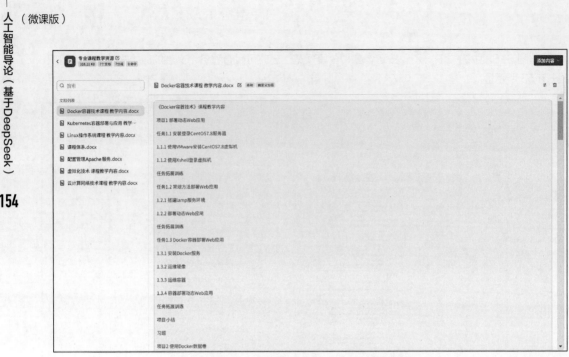

图 6-55 "专业课程教学资源"知识库的资源信息

6.3.4 创建并使用教学助手智能体

1. 创建智能体

创建知识库的目的是为校内外师生提供服务，在创建智能体并引入知识库后，师生就可以查询与专业课程相关的知识，为课程教学提供帮助。

与之前相同的步骤这里不赘述。在"创建智能体"对话框中，在"智能体名称"文本框中输入"教学助手"，在"智能体功能介绍"文本框中输入"赋能师生教学"，如图 6-56 所示。

微课

V6-6 创建并使用
教学助手智能体

图 6-56 创建教学助手智能体

2. 编辑智能体

（1）添加知识库

单击图 6-56 中的"确认"按钮，进入教学助手智能体编排页面，选择"DeepSeek-R1"模型，单击"知识"下方"文本"右侧的➕按钮，如图 6-57 所示。

图 6-57 单击➕按钮

在弹出的"选择知识库"对话框中选择名为"专业课程教学资源"的知识库，单击右侧的"添加"按钮，如图 6-58 所示。

图 6-58 添加知识库

（2）设置"人设与回复逻辑"

添加知识库后，在页面左侧设置"人设与回复逻辑"，如图 6-59 所示。

图 6-59 设置"人设与回复逻辑"

3. 使用智能体

在页面右侧使用教学助手智能体，在文本框中输入"共有几门课程"并按 Enter 键，等待片刻，智能体的回答如图 6-60 所示。

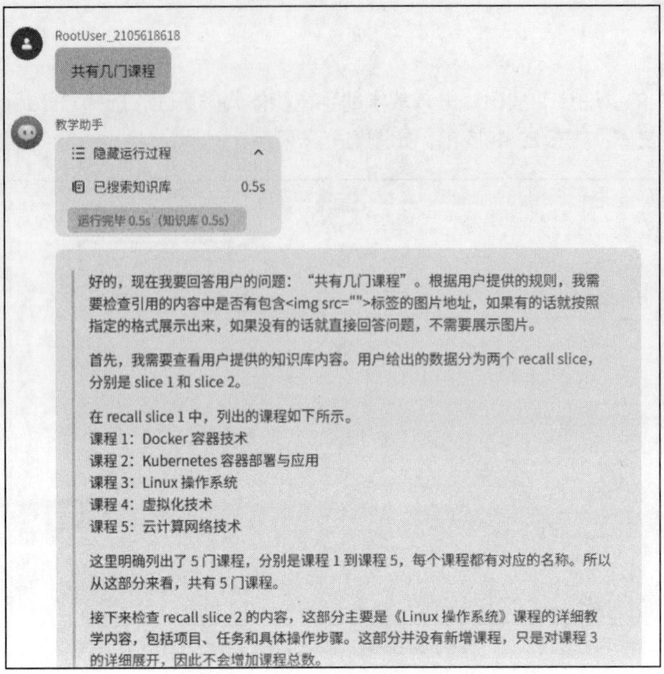

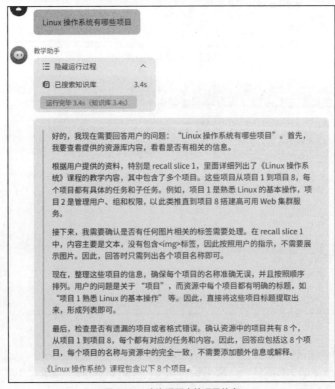

图 6-60　查询知识库中的课程信息

　　从图 6-60 可以发现，智能体首先调用知识库，查询课程体系.docx 文档内容，发现共有 5 门课程，然后返回给用户这 5 门课程的详细信息。

　　再次向智能体询问"Linux 操作系统有哪些项目"，智能体搜索知识库后，返回结果如图 6-61 所示。

图 6-61　查询课程中的项目信息

通过图 6-61 所示的结果可以发现，智能体查询了知识库并返回了"Linux 操作系统"课程的 8 个教学项目名称。

下面询问智能体"Apache 服务怎么配置"，如图 6-62 所示。

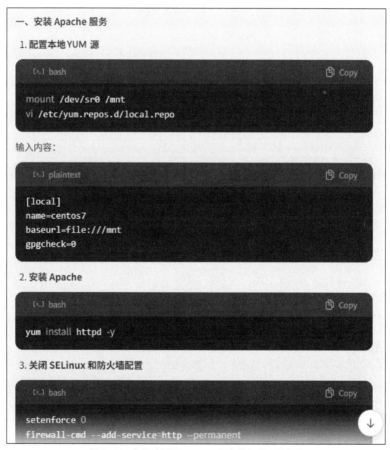

图 6-62　查询知识库中 Apache 服务的配置方法

智能体调用知识库中 Apache 服务的相关配置方法并返回结果，如图 6-63 所示。

图 6-63　知识库返回 Apache 服务的相关配置方法

4. 发布智能体为 Chat SDK

将智能体发布为 Chat SDK 后，就可以在其他客户端（如网页）上与智能体对话，并获取知识库中的知识。单击教学助手智能体编排页面中的"发布"按钮，弹出"补充智能体开场白"对话框，单击"跳过并直接发布"按钮，进入教学助手智能体发布页面，选中"扣子商店"和"Chat SDK"复选框，如图 6-64 所示，单击"发布"按钮发布智能体。

图 6-64　发布智能体为 Chat SDK

单击"发布"按钮，智能体发布完成后，即可在项目 7 中自己制作的网页上嵌入对话窗口，向该智能体提问。

项目小结

本项目讲解了智能体的创建和使用方法。在任务6-1中讲解了如何基于提示词和插件创建智能体；任务6-2中首先创建了生成微信公众号文案的工作流，然后基于工作流创建了智能体；任务6-3中首先创建了课程知识库并导入了数据，然后基于该知识库创建了智能体。

练习与思考

1. 选择题

（1）在扣子智能体平台上创建智能体时，不能使用的是（　　）。

    A. 提示词　　　　　B. 插件　　　　　C. 网络　　　　　D. 知识库

（2）在设置智能体的提示词时，不包含（　　）。

    A. 角色　　　　　B. 目标　　　　　C. 技能　　　　　D. 存储

（3）变量的特点不包括（　　）。

    A. 有名字　　　　　　　　　　B. 不能变化

    C. 可以修改　　　　　　　　　D. 存储不同类型的数据

（4）知识库的文本格式不包括（　　）。

    A. CSV　　　　　B. PDF　　　　　C. MD　　　　　D. 在线网页

2. 填空题

（1）扣子是由_____推出的新一代智能体开发平台。

（2）在创建智能体时，_____是构建有效对话系统和智能助手的关键步骤。

（3）智能体_____是扩展智能体功能的一种工具或模块，其通过与外部系统或服务进行集成，提升智能体的能力和灵活性。

（4）_____不仅仅是任务的简单串联，其还支持通过可视化的方式，将插件、大语言模型、代码块等不同功能进行组合，完成一些更复杂的任务。

（5）_____是经过人工审核和管理的信息源，通常包含经过验证、可靠和准确的资料。

3. 简答题

（1）简述扣子智能体平台的核心功能。

（2）简述知识库的作用。

项目 **7**

DeepSeek助力零代码构建应用程序

项目描述

王红在项目6中创建了教学助手智能体后，为了方便师生在各种平台上使用，她决定使用Cursor自动化代码编程工具生成课程知识库网站，在网页上嵌入教学助手智能体，同时创建微信小程序，方便师生在微信小程序上浏览课程知识。随着对大语言模型的深入使用，王红发现大语言模型借助MCP可以实现更多复杂的功能。

项目7任务思维导图如图7-1所示。

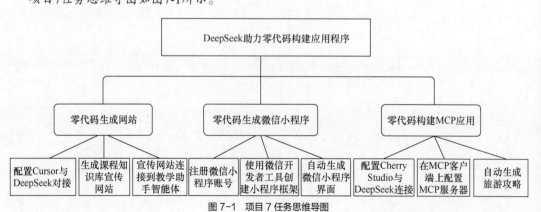

图7-1 项目7任务思维导图

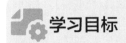

任务 7-1　零代码生成网站

学习目标

知识目标

- 了解网站的主要页面结构。
- 了解网页常见的功能模块结构。
- 了解 HTML、CSS、JavaScript 的功能。
- 掌握 Cursor 的功能和应用场景。

技能目标

- 能独立使用 Cursor 工具创建和设计一个完整的课程网站。
- 能够在网页中嵌入教学助手智能体。

素养目标

- 培养自主学习和独立解决问题的能力。

7.1.1　任务描述

在构建了教学助手智能体后，王红决定构建一个知识库网站，并在网页上嵌入该智能体。由于没有编程基础，因此王红决定采用自动化代码生成工具 Cursor 和 DeepSeek 大语言模型来自动生成课程网站。

7.1.2　必备知识

1．网站的主要页面结构

网站是多个不同页面的集合。可以把网站想象成一本书，每一页展示不同的内容。常见的网站一般有以下几个主要部分。

（1）首页

首页是网站的"封面"，是打开网站后看到的第一个页面，其中通常会有一些介绍、超链接来帮助用户找到其他页面。

（2）列表页

列表页列出了很多内容，就像是一个目录，帮助用户快速找到所需的内容，如博客列表、商品分类等。

（3）内容页

当用户单击列表页中的某一项时，进入的页面就是内容页。内容页中会展示更详细的信息，如文章的具体内容、商品的详细介绍等。

2．网页常见的功能模块结构

网站是由多个具体的网页组成的，每个网页通常包含以下几个模块内容。

（1）头部

网页头部（Header）包含网站 logo、导航栏、搜索框、用户账户按钮等。

（2）主内容区

主内容区（Main Content）是网页的核心部分，展示文章、产品、图像、视频等信息。

（3）底部

底部（Footer）为页面底端，包含版权声明、隐私政策、联系方式等信息。

（4）交互模块

交互模块包括表单（如注册、登录、评论等）、按钮（如提交、购买、加入购物车等），用来让用户与网站进行互动。

（5）多媒体内容

多媒体内容包括视频、音频、互动图表等，用于优化用户体验。

3. HTML、CSS、JavaScript 的功能

超文本标记语言（Hyper Text Markup Language，HTML）、串联样式表（Cascading Style Sheets，CSS）和 JavaScript 是构建网页的三大基础技术。它们各自的作用就像是房子的不同部分，HTML 代码是房子的框架，CSS 代码是房子的外观设计，JavaScript 代码是房子具备的功能，具体如下。

（1）HTML

HTML 代码是网页的骨架，负责网页的结构和内容，如标题、段落、图片、超链接等。可以把 HTML 看作搭建网页的基础材料。

（2）CSS

CSS 代码用来控制网页的外观，决定了网页的颜色、布局、字体和其他样式。简单来说，CSS 代码就是让网页看起来更漂亮的工具。

（3）JavaScript

JavaScript 代码让网页变得有互动性。JavaScript 代码可以让网页完成很多任务，如单击按钮后显示消息、提交表单后验证信息或者制作动态效果（如轮播图、下拉菜单等）。JavaScript 代码就是让网页"动"起来的"魔法"。

4. Cursor 的功能和应用场景

（1）Cursor 的功能

Cursor 是一个利用人工智能来帮助用户自动化生成代码的工具，主要用于降低编写代码的复杂度和缩短编写代码的时间。Cursor 通过自然语言理解和代码生成算法将用户输入的需求或描述转换为实际的代码，主要完成以下任务。

① 自然语言处理：用户用自然语言描述想要实现的功能或要求，Cursor 能够理解这些需求，并生成相应的代码。

② 代码生成与自动化：Cursor 会自动从大量的代码库中抽取相关代码块，并进行组合、调整，生成符合用户需求的代码，减少用户手动编写代码的步骤。

③ 上下文分析与优化：Cursor 不仅能生成代码，还能根据上下文优化代码，确保生成的代码高效且易于维护。

（2）Cursor 的应用场景

① 非技术人员的零代码开发。对于没有编程背景的人员，他们可以用自然语言在 Cursor 中输入需求，Cursor 能根据需求生成代码并执行。这样，业务人员也可以通过该工具参与到开发过程中，进行自定义功能实现，降低技术门槛。

② 快速构建网站和应用。对于网站开发或应用开发者，Cursor 可以自动生成他们所需的 HTML、CSS、JavaScript 或其他前/后端代码。通过简单的需求描述，开发者可以省去烦琐的编程过程，快速创建完整的网页或应用。

③ 自动化代码生成与集成。Cursor 可以用于自动生成能与现有代码库或第三方服务集成的代码。通过自动化代码生成，Cursor 可以减少开发者手动编写 API 调用、数据库操作或者其他复杂逻辑的时间。

④ 加速原型设计和开发。对于产品经理、设计师或初创企业团队，Cursor 可以通过生成前端和后端代码来快速构建原型。团队无须深入了解代码编写，可以专注于业务逻辑和设计，把技术实现交给 Cursor 来处理。

⑤ 代码重构与优化。开发者在维护和扩展现有项目时，通过 Cursor 可以根据需求自动生成更清晰、更高效的代码，帮助团队进行代码重构，提升代码质量和可维护性。

7.1.3 配置 Cursor 与 DeepSeek 连接

1. 注册 Cursor 账号

打开浏览器（建议使用 Google Chrome），访问 Cursor 官网，如图 7-2 所示。

图 7-2 Cursor 官网

单击右上角的"登录"按钮，进入 Cursor 登录页面，如图 7-3 所示。

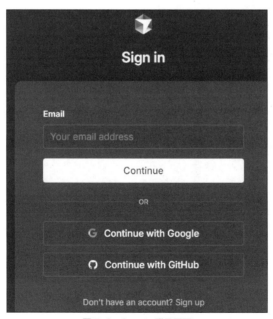

图 7-3 Cursor 登录页面

由于还没有 Cursor 的账号，因此单击图 7-3 下方的"Sign up"超链接，进入 Cursor 账号注册页面。输入 First name（名字）、Last name（姓）和 E-mail（作为后续登录的用户名），单击"Continue"按钮，如图 7-4 所示，弹出确认是否为真人对话框，如图 7-5 所示。选中"确认您是真人"复选框，弹出输入密码对话框，输入 Password（密码）后单击"Continue"按钮，如图 7-6 所示，进入图 7-7 所示的 E-mail 确认对话框。

图 7-4　注册 Cursor 账号

图 7-5　确定是否为真人对话框

图 7-6　输入密码

图 7-7　E-mail 确认对话框

Cursor 平台会向此 E-mail 账号发送确认邮件，查看确认邮件中的验证码并将其输入图 7-7 所示的框中，即可成功注册 Cursor 账号。

2．下载并安装 Cursor

（1）下载 Cursor

在浏览器中访问 https://www.cursor.com/cn/pricing，进入 Cursor 定价页面，如图 7-8 所示。

图 7-8 中显示了 Cursor 的使用定价，包括 Hobby（两周试用版本）、Pro 和 Business 版本。单击 Hobby 下方的"下载"按钮，将 Cursor 软件下载到本地。

（2）安装 Cursor

下载完成后，双击 Cursor 图标，进入许可协议界面，如图 7-9 所示。

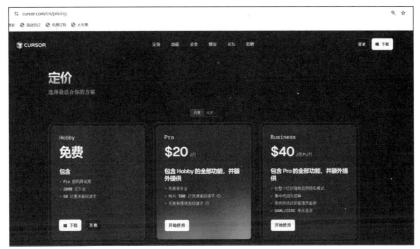

图 7-8　Cursor 定价页面

图 7-9　许可协议界面

选中"我同意此协议"单选按钮，单击"下一步"按钮，进入选择目标位置界面，如图 7-10 所示。

图 7-10　选择目标位置界面

采用默认的安装位置，单击"下一步"按钮，进入选择开始菜单文件夹界面，如图 7-11 所示。

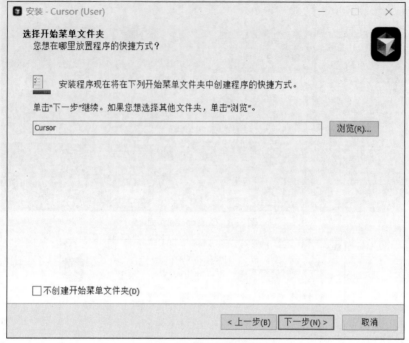

图 7-11　选择开始菜单文件夹界面

采用默认设置，单击"下一步"按钮，进入选择附加任务界面，如图 7-12 所示。

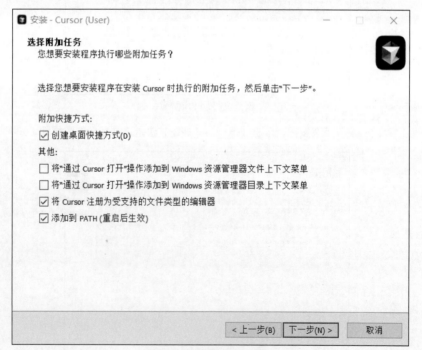

图 7-12　选择附加任务界面

选中"创建桌面快捷方式""将 Cursor 注册为受支持的文件类型的编辑器""添加到 PATH（重启后生效）"复选框，单击"下一步"按钮，进入准备安装界面，如图 7-13 所示。

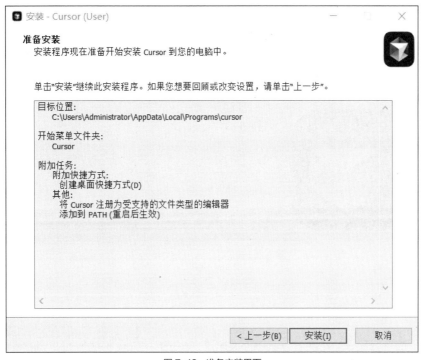

图 7-13　准备安装界面

确认"目标位置""开始菜单文件夹""附加任务"等配置后，单击"安装"按钮，进入正在安装界面，如图 7-14 所示。

图 7-14　正在安装界面

等待片刻，进入 Cursor 安装完成界面，如图 7-15 所示，单击"完成"按钮结束安装。

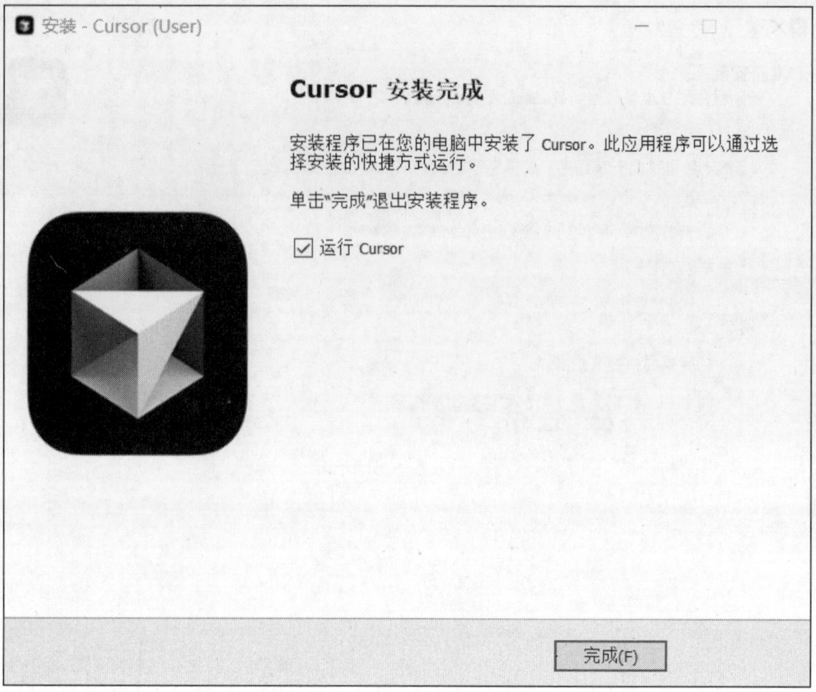

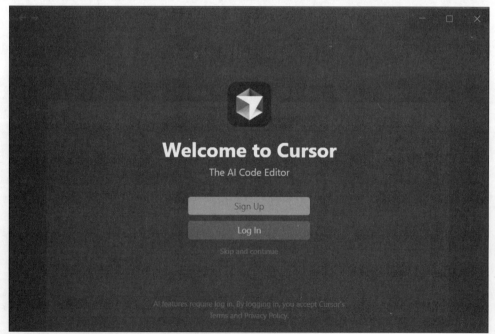

图 7-15　Cursor 安装完成界面

3. Cursor 连接 DeepSeek

（1）启动 Cursor

双击桌面的 Cursor 快捷方式，启动 Cursor，进入图 7-16 所示的界面。

图 7-16　Cursor 启动界面

单击"Skip and continue"（跳过登录并继续）超链接，进入"Customize Theme"（自定义主题）界面，如图 7-17 所示。

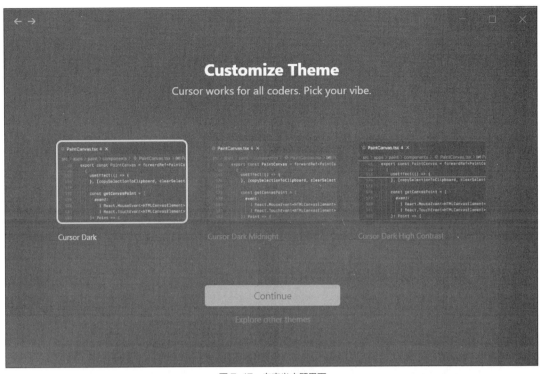

图 7-17　自定义主题界面

　　选择"Cursor Dark"选项，单击"Continue"按钮，进入"Quick Start"（快速启动）界面，如图 7-18 所示。

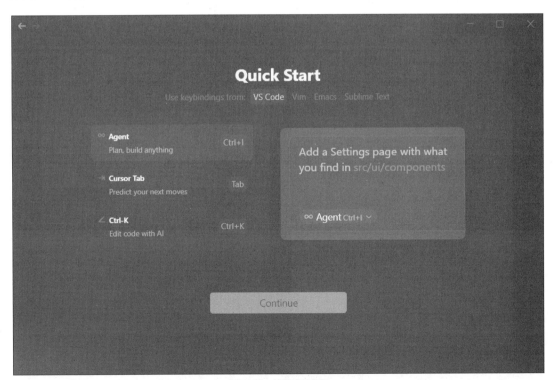

图 7-18　快速启动界面

采用默认的配置，单击"Continue"按钮，进入"Data Sharing"（数据分享）界面，如图 7-19 所示。

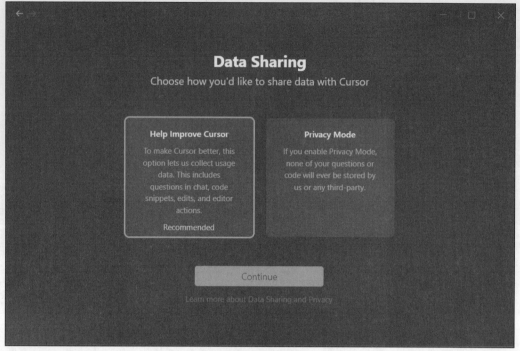

图 7-19　数据分享界面

采用默认配置，单击"Continue"按钮，进入"Review Settings"（审查设置）界面，如图 7-20 所示。

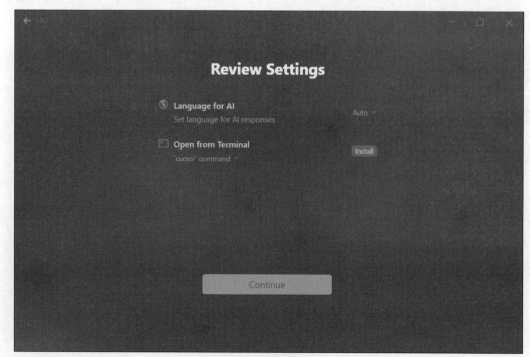

图 7-20　审查设置界面

在图 7-20 中单击"Continue"按钮，成功启动 Cursor，如图 7-21 所示。

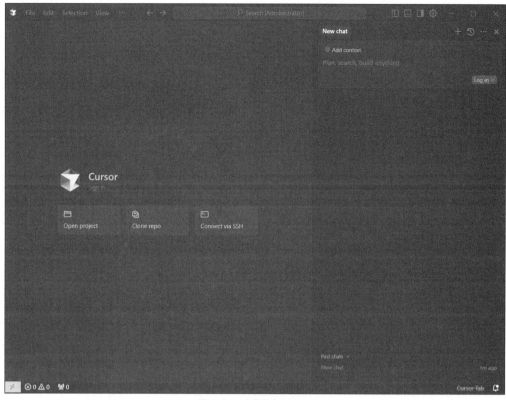

图 7-21　成功启动 Cursor

（2）配置 Cursor

① 登录 Cursor。

单击图 7-21 中右上方的配置按钮 ，弹出 Cursor 配置界面，如图 7-22 所示。

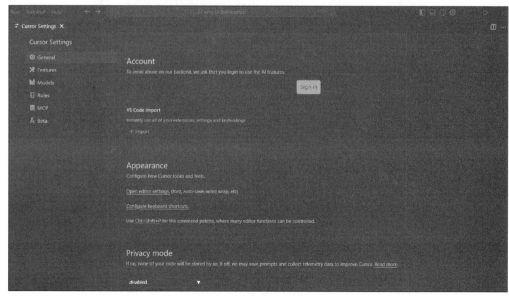

图 7-22　Cursor 配置界面

在"General"（通用）的"Account"（账户）选项下单击"Sign in"（登录）按钮，弹出登录页面，如图 7-23 所示。

输入注册 Cursor 账号时使用的 E-mail，单击"Continue"按钮，输入密码，如图 7-24 所示。

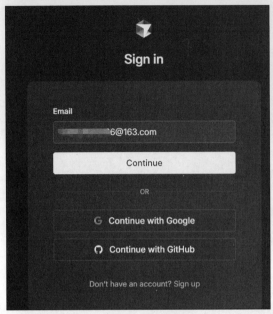

图 7-23　Cursor 登录页面

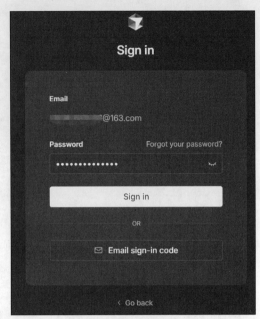

图 7-24　输入 Cursor 账号的密码

单击"Sign in"按钮，进入登录确认页面，如图 7-25 所示。

图 7-25　登录确认页面

单击"YES,LOG IN"按钮，成功登录 Cursor。再次单击 Cursor 软件的配置按钮，发现已经成功登录，如图 7-26 所示。

② 连接 DeepSeek。

选择 Cursor 配置界面左侧的"Models"（模型），选择"deepseek-v3.1"，连接 DeepSeek，如图 7-27 所示。

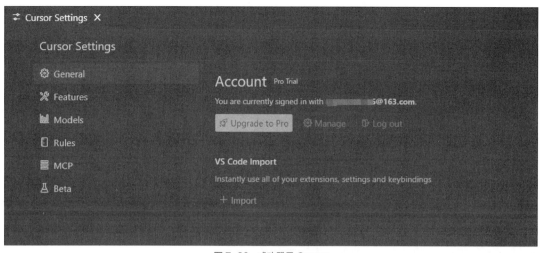

图 7-26　成功登录 Cursor

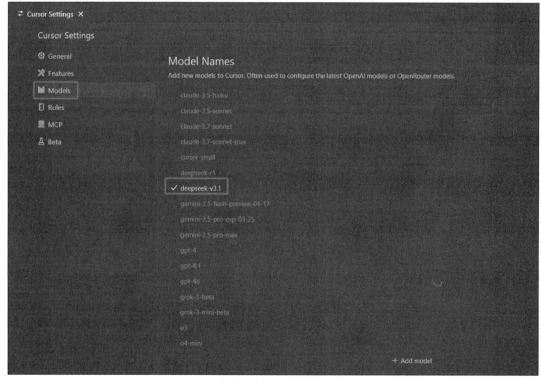

图 7-27　连接 DeepSeek

7.1.4　生成课程知识库宣传网站

1. 生成网站

（1）创建网站目录

在本地磁盘建立课程网站目录，名称为"ZYK"。打开 Cursor，选择"File"
（文件）→"Open Folder"（打开目录）选项，如图 7-28 所示。

在弹出的选择目录对话框中选择"ZYK"目录，完成后结果如图 7-29 所示。

微课

V7-2　生成课程
知识库宣传网站

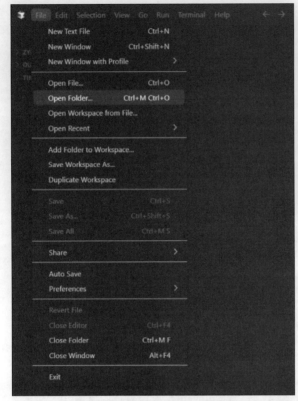

图 7-28　选择"Open Folder"选项

图 7-29　选择"ZYK"目录

（2）生成首页、列表页、内容页

按 Ctrl+I 组合键，调出 Cursor 对话框，如图 7-30 所示，在文本框中输入以下内容。

图 7-30　调出 Cursor 对话框

使用HTML、CSS和JavaScript生成一个云计算技术应用专业的课程知识库网站，包括首页、列表页和内容页，主页导航栏包括Linux、Docker、Kubernetes、云网络、虚拟化等5门课程，在导航栏下生成5张图片的轮播图效果，在轮播图下方主题内容中生成每门课程的介绍，在底部生成版权等信息，为导航栏中的所有课程一次性生成列表页，通过单击导航中的课程内容可以跳转到列表页，每个列表页中包含多条记录，每条记录都是课程的具体知识，一次性生成所有记录的内容页面，通过单击记录可以跳转到内容页，整个网站以蓝白色调为主，要求简约大方漂亮。

输入完成后，单击"Send"（发送）按钮，Cursor 即可借助 DeepSeek 大语言模型生成网站的各个页面，如图 7-31 所示。

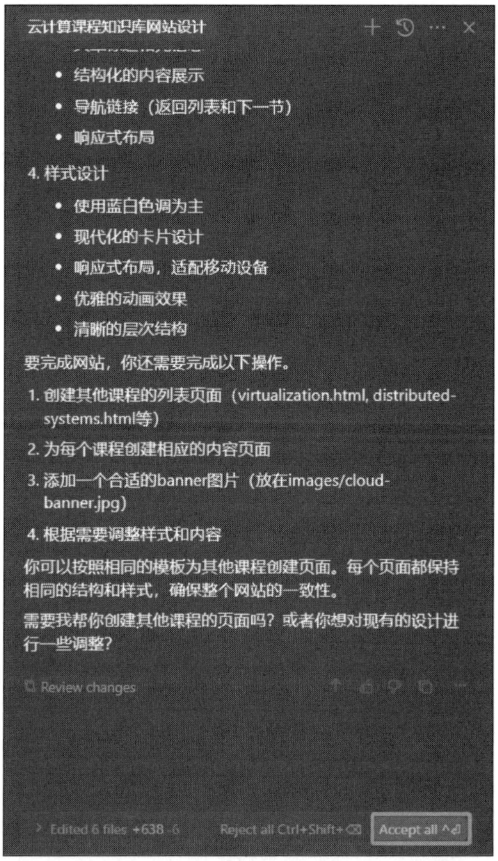

图 7-31　Cursor 调用 DeepSeek 生成网站的各个页面

页面生成完成后，单击"Accept all"（接受全部）按钮，生成网站文件和内容。

2. 浏览网站

（1）访问首页

在本地磁盘上打开"ZYK"目录，使用浏览器运行 index.html 文件，结果如图 7-32 所示。

图 7-32　浏览 Cursor 生成的网站首页

图 7-32 为网站首页的部分内容，拖动滚动条可以查看主体内容部分。浏览网站首页时，如果对部分内容不满意，可以通过 Cursor 对话框继续提问，修改网页文件和内容。

（2）访问列表页

单击导航栏中的"IaaS"，可以跳转到 IaaS 列表页，结果如图 7-33 所示。

图 7-33　IaaS 列表页

（3）访问内容页

单击图 7-33 中"虚拟化"下方的"开始学习"按钮，可以访问 IaaS 课程的内容页，结果如图 7-34 所示。

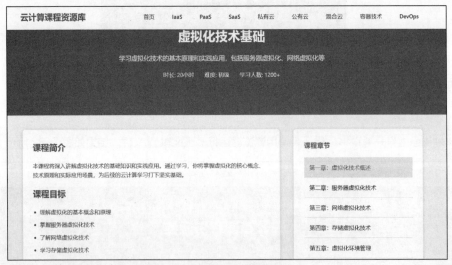

图 7-34　IaaS 课程的内容页

7.1.5　宣传网站连接到教学助手智能体

1. 创建个人访问令牌

在项目 6 构建基于知识库的智能体任务中，将教学助手智能体发布为 Chat SDK 后，就可以在宣传网站中嵌入连接教学助手智能体的代码，在网站上使用该智能体。出于安全考虑，在网站上连接智能体时需要提供个人访问令牌，所以首先应创建个人访问令牌。

使用构建教学助手智能体的用户账号登录扣子智能体平台，在页面左侧单击

微课

V7-3　宣传网站连接到教学助手智能体

"扣子 API"，在弹出的级联菜单中选择"授权"选项，在页面右侧选择"个人访问令牌"选项卡，单击"添加新令牌"按钮，如图 7-35 所示。

图 7-35　添加新令牌

弹出"添加新的个人访问令牌"对话框，输入名称"web"（任意名称），在"过期时间"下拉列表中选择"30 天（2025-06-01）"选项，"权限"设置为"全选"，如图 7-36 所示。

图 7-36　设置名称、过期时间和权限

在"访问工作空间"中，通过下拉列表选择"个人空间"选项，如图 7-37 所示。

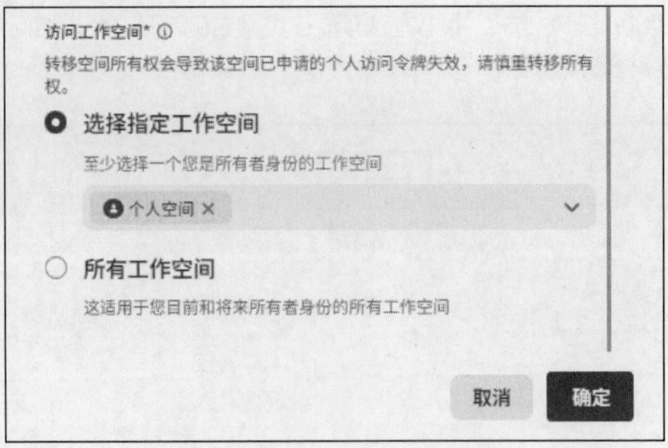

图 7-37　选择"个人空间"选项

单击"确定"按钮，在弹出的"新的个人访问令牌"对话框中单击令牌右侧的复制按钮 ，将令牌保存到本地文件中，内容为 pat_DRNTvEIx0rBIi07ACUMIIVvai5RZA4HL29PkInFarSlthDMxKZeNbpocH9NGiCQu，如图 7-38 所示。

图 7-38　复制并保存令牌

2. 查找和修改连接代码

（1）查找连接代码

在"扣子 API"下的"API 和 SDK"中选择"安装并使用 Chat SDK"选项，找到"步骤三：安装 SDK"下"智能体"选项卡中的代码，如图 7-39 所示。

图 7-39　"步骤三：安装 SDK"下"智能体"选项卡中的代码

复制图 7-39 中的代码，保存到本地文本文件中。在网页连接智能体时，只需要将这段代码粘贴到网页的<body>区域内即可。通过滚动条找到配置示例代码，如图 7-40 所示。

图 7-40　找到连接 Chat SDK 的示例代码

在后续网页连接智能体时，需要修改图 7-40 中的 3 处内容：一是需要将 botId 修改为教学助手智能体的 ID，二是需要将 token 后面的内容修改为个人访问令牌，三是需要将 onRefreshToken: async()=> 后面的内容修改为个人访问令牌。

（2）修改连接代码

打开教学助手智能体，查看 ID，如图 7-41 所示。

图 7-41　查看教学助手智能体的 ID

通过图 7-41 可以发现，教学助手智能体的 ID 为 7494917451428380723。拥有了个人访问令牌和智能体的 ID 之后，修改连接代码，如下所示。

```
<script>
const cozeWebSDK = new CozeWebSDK.WebChatClient({
  config: {
    botId: '7494917451428380723',
```

```
    isIframe: false,
  },
  auth: {
    type: 'token',
    token: 'pat_DRNTvEIx0rBli07ACUMlIVvai5RZA4HL29PklnFarSlthDMxKZeNbpocH9NGiCQu',
    onRefreshToken: async () => 'pat_DRNTvEIx0rBli07ACUMlIVvai5RZA4HL29Pkln
    FarSlthDMxKZeNbpocH9NGiCQu',
  },
  // 用户信息
  userInfo: {
    id: '12345',
    url: 'https://lf-coze-web-cdn.coze.cn/obj/coze-web-cn/obric/coze/favicon.
    1970.png',
    nickname: 'UserA',
  },
});
</script>
```

┃注意┃

在网页中连接智能体时，需要将代码写在<script>和</script>之间。

---

3. 网页连接智能体

（1）在首页加入连接智能体代码

在"ZYK"目录中使用记事本打开 index.html 文件，找到</head>标签，在</head>标签之后加入安装 SDK 智能体的代码；找到</body>标签，在</body>标签之后加入连接智能体的代码，如图 7-42 所示。

```
</head>
<script src="https://lf-cdn.coze.cn/obj/unpkg/flow-platform/chat-app-sdk/1.2.0-beta.8/libs/cn/index.js"></script>
<body>
<script>
const cozeWebSDK = new CozeWebSDK.WebChatClient({
 config: {
   botId: '7494917451428380723',
   isIframe: false,
 },
 auth: {
   type: 'token',
   token: 'pat_DRNTvEIx0rBli07ACUMlIVvai5RZA4HL29PklnFarSlthDMxKZeNbpocH9NGiCQu',
   onRefreshToken: async () => 'pat_DRNTvEIx0rBli07ACUMlIVvai5RZA4HL29PklnFarSlthDMxKZeNbpocH9NGiCQu',
 },
 // 用户信息
 userInfo: {
   id: '12345',
   url: 'https://lf-coze-web-cdn.coze.cn/obj/coze-web-cn/obric/coze/favicon.1970.png',
   nickname: 'UserA',
 },
});
</script>
```

图 7-42   在首页加入安装和连接教学助手智能体的代码

加入完成后，保存文本文件，其他页面的连接与首页一致。

（2）在首页使用教学助手智能体

使用浏览器打开 index.html 文件，发现页面右下角出现了使用智能体的图标，如图 7-43 所示。单击该图标，在文本框中输入"课程信息"并按 Enter 键，教学助手智能体思考用户提出的问题，如图 7-44 所示。

图 7-43　查看首页上的智能体图标

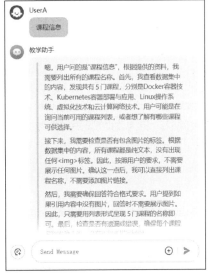

图 7-44　教学助手智能体思考用户提出的问题

思考完成后，教学助手智能体给出答案，如图 7-45 所示。

图 7-45　教学助手智能体回答用户问题

通过图 7-45 所示的结果可以发现，教学助手智能体基于知识库中的数据进行了正确回答，成功实现了在网页上连接教学助手智能体。

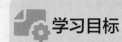

零代码生成微信小程序

学习目标

知识目标

- 掌握微信小程序的优势。
- 了解微信小程序的常规开发流程。

技能目标

- 能够通过微信公众平台注册微信小程序账号。
- 能够使用微信开发者工具创建小程序框架。
- 能够使用 Cursor 自动生成微信小程序界面。

素养目标

- 培养按照步骤做事的能力。
- 提升解决问题的能力。

7.2.1　任务描述

王红在成功构建了云计算技术应用专业课程知识库网站后，发现仅仅通过网站推广无法充分覆盖广泛的目标群体。为了更好地宣传并扩大影响力，她决定通过微信小程序进行推广。用户通过微信小程序可以将课程资源快速分享给身边的同学和朋友，扩大课程知识库的影响力，这种跨平台的宣传方式使得课程知识库能够覆盖更广泛的受众，实现了更好的推广效果。

7.2.2　必备知识

1. 微信小程序的优势

微信小程序是微信官方推出的一种无须下载和安装的应用，可以直接在微信内使用，具有轻量、快速、方便的特点。微信小程序可以通过扫码或搜索打开，其具备以下几个优势。

（1）流量入口丰富

微信作为我国最大的社交平台，用户基数庞大。通过微信生态，商家可以利用朋友圈、公众号、微信群等多种渠道将小程序推荐给用户，增加曝光度。

（2）便捷性

用户无须下载和安装即可使用微信小程序，节省了手机存储空间，也避免了应用过多导致手机卡顿。使用微信扫一扫或搜索即可打开小程序，快速又方便。

（3）用户黏性强

微信小程序可以充分利用微信的社交功能，如分享、好友推荐、微信群传播等。用户通过微信社交关系分享小程序，能有效提升用户活跃度和黏性。

（4）跨平台支持

微信小程序无须开发多个平台版本，仅需开发一个小程序即可支持 iOS、Android、Windows 等多个操作系统，大大降低了开发成本和维护成本。

（5）开发成本低

相比传统的 App，微信小程序的开发门槛较低，开发周期较短，且无须开发复杂的 App 界面和功能，降低了企业的开发成本。

（6）更新和维护简便

小程序的更新直接通过微信平台进行，无须用户手动更新或重新下载和安装，极大地提升了更新效率和改善了用户体验。

（7）轻量化与高性能

微信小程序体积小，运行速度快，用户体验流畅，尤其适合需要快速访问和功能简单的应用场景。

（8）集成微信支付

微信小程序可以方便地集成微信支付功能，为商家提供便捷的支付功能，促进线上交易，优化用户购买体验。

（9）精准的数据分析

微信提供了详细的数据分析工具，商家可以通过后台数据了解用户行为，优化运营策略，改善营销效果。

2. 微信小程序的常规开发流程

微信小程序开发流程中的每个步骤都有明确的目标和任务，开发者按照每个步骤的任务要求进行操作，就能顺利地开发出自己的小程序。微信小程序的常规开发流程如下。

（1）注册微信小程序账号

开发者需要到微信公众平台注册一个微信小程序账号，提交企业或个人信息，完成验证。注册微信小程序账号时，开发者需要提供一些基础资料，确保是合法的开发者。注册成功后，开发者将获得一个AppID，这是小程序的唯一标识，后续开发和发布都会用到。

（2）创建项目

开发者需要访问微信开发者官网，下载并安装适合自己计算机操作系统的开发工具，使用注册时获得的微信账号登录，输入 AppID，创建一个新的小程序项目。

（3）开发小程序

在开发者工具中可以编写以下 3 种文件格式的代码。

① WXML：小程序的结构文件，相当于网页的 HTML 文件。

② WXSS：小程序的样式文件，类似于网页的 CSS 文件，用来控制界面的样式。

③ JS：小程序的逻辑文件，用 JavaScript 代码来控制小程序的行为。

（4）测试小程序

在开发者工具中，开发者可以使用模拟器来测试小程序的效果，也可以通过微信扫描二维码，在手机上进行真机测试。测试时，应确保小程序的功能、界面、交互和性能都没有问题，特别是涉及支付、定位等需要精确操作的功能。

（5）提交审核

完成开发和测试后，提交小程序进行微信官方审核，上传代码并填写相关信息，如小程序的名称、简介、服务类型等。审核一般需要 1～7 个工作日，审核通过后，小程序即可上线。

（6）发布上线

审核通过后，开发者即可正式发布小程序，用户通过微信扫码、搜索等方式就可以使用小程序。上线后，开发者还需要定期优化和更新小程序、修复 Bug、优化功能，确保用户体验良好。

（7）运营和维护

通过微信后台，开发者可以查看小程序的访问量、用户行为、支付记录等数据，分析运营效果。为了保持小程序的新鲜感和吸引力，开发者应定期推出新功能和进行优化，提升用户的活跃度和忠诚度。

7.2.3　注册微信小程序账号

1. 注册账号

在浏览器中访问微信公众平台，如图 7-46 所示。

微课

V7-4　注册微信
小程序账号

图 7-46　微信公众平台

单击图 7-46 中的"立即注册"超链接，进入选择注册服务类型页面，如图 7-47 所示。

图 7-47　选择注册服务类型页面

选择"小程序"，进入小程序账号注册方式选择页面，如图 7-48 所示。

图 7-48　小程序账号注册方式选择页面

单击"前往注册"按钮，进入注册小程序账号页面，在页面中输入邮箱（作为后续登录账号）和密码，如图 7-49 所示。选中"你已阅读并同意《微信公众平台服务协议》《微信小程序平台服务条款》《微信公众平台个人信息保护指引》复选框，单击"注册"按钮，进入"邮箱激活"环节，如图 7-50 所示。

图 7-49　输入邮箱和密码

①账号信息 —— ②邮箱激活 —— ③信息登记

激活小程序账号

感谢注册！确认邮件已发送至你的注册邮箱：1████████6@163.com。请进入邮箱查看邮件，并激活小程序账号。

登录邮箱

图 7-50　邮箱激活

单击"登录邮箱"按钮，进入邮箱后，收到微信公众平台发送的激活邮件，如图 7-51 所示。

图 7-51　激活邮件

单击邮件中的激活超链接，进入"信息登记"环节，如图 7-52 所示。

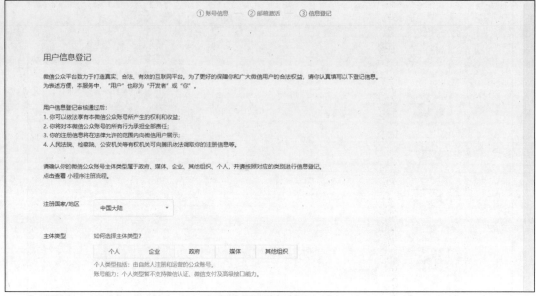

图 7-52　信息登记

选择图 7-52 中的"个人"选项，在"主体信息登记"中设置"身份证姓名""身份证号码""管理员手机号码"，使用用户自己的微信扫描二维码进行身份验证，如图 7-53 所示。

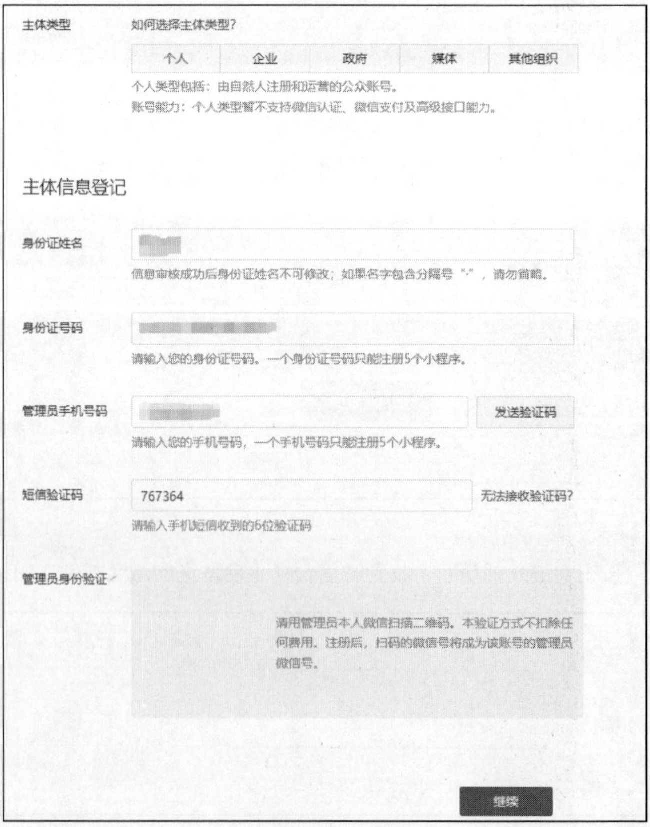

图 7-53　输入主体信息

身份验证成功后，单击"继续"按钮，弹出确认主体信息对话框，如图 7-54 所示。

图 7-54　确认主体信息对话框

确认无误后，单击"确定"按钮，即可完成小程序账号的注册。

2. 登录微信小程序

在图 7-46 中，使用管理员微信登录微信小程序账号，如图 7-55 所示。

图 7-55　扫描二维码

登录后，选择"管理"→"开发管理"选项，在"开发设置"选项卡的"开发者 ID"中可以观察到 AppID（小程序 ID）为 wxcff46b2f5996f0c1，后续开发微信小程序时会用到。AppID 是每个小程序的唯一标识符，其作用主要包括以下几个方面。

① 身份识别：AppID 用于区分不同的小程序，是开发者和微信平台之间的唯一身份标识。每个小程序都有一个独特的 AppID，用于在微信后台管理平台进行操作、查询和管理。

② 授权和接口访问：AppID 是小程序与微信开放平台、微信支付等服务接口进行交互的基础。例如，调用微信支付、获取用户授权等功能时，都需要通过 AppID 进行验证和授权。

③ 数据统计和分析：通过 AppID，微信平台能够为开发者提供有关小程序的使用数据和分析报告，如用户活跃度、访问量、留存率等，帮助开发者优化产品。

④ API 调用和功能管理：某些微信的功能和接口是基于 AppID 来进行权限管理的。只有通过 AppID 注册的小程序才能调用特定的功能，如获取小程序的基本信息、管理模板消息、访问用户数据等。

V7-5　使用微信开发者工具创建小程序框架

7.2.4　使用微信开发者工具创建小程序框架

1. 下载并安装微信开发者工具

（1）下载微信开发者工具

微信开发者工具是开发微信小程序的软件。在浏览器中访问微信官方文档官网，如图 7-56 所示。

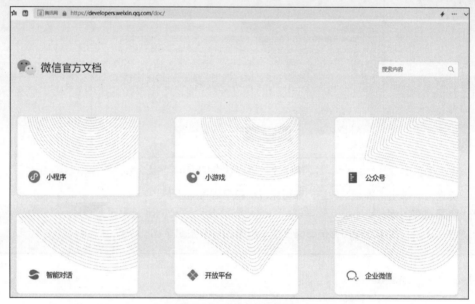

图 7-56　微信官方文档官网

单击"小程序"按钮，进入微信小程序文档页面，如图 7-57 所示。

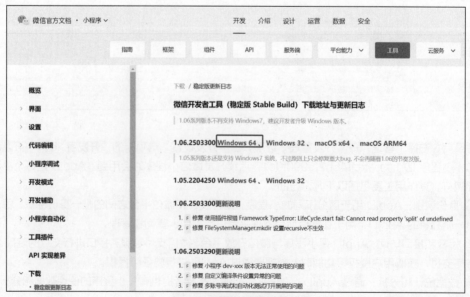

图 7-57　微信小程序文档页面

　　选择"工具"菜单，选择"下载"→"稳定版更新日志"选项，在页面右侧选择适合自己操作系统的版本。这里单击 1.06.2503290 右侧的"Windows 64"超链接，下载微信开发者工具到本地。

（2）安装微信开发者工具

　　启动下载的微信开发者工具安装程序，如图 7-58 所示。

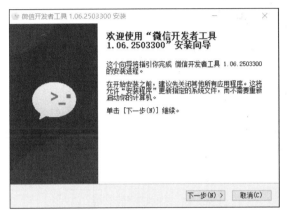

图 7-58　启动微信开发者工具安装程序

单击"下一步"按钮，进入许可证协议界面，如图 7-59 所示。

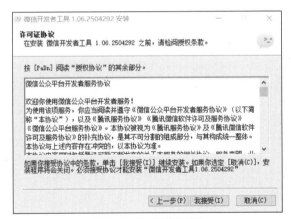

图 7-59　许可证协议界面

单击"我接受"按钮，同意许可证协议，进入选定安装位置界面，如图 7-60 所示。

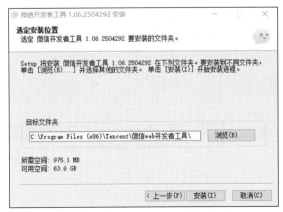

图 7-60　选定安装位置界面

采用默认的安装位置，单击"安装"按钮，等待片刻，即可成功安装微信开发者工具，如图 7-61 所示，单击"完成"按钮。

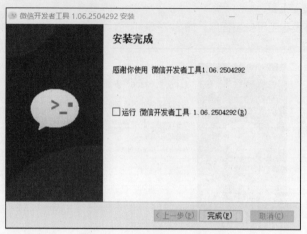

图 7-61　成功安装微信开发者工具

2. 新建微信小程序框架

双击桌面的微信开发者工具快捷方式，启动微信开发者工具，弹出登录二维码。使用手机微信扫描二维码，成功登录微信开发者工具，如图 7-62 所示。

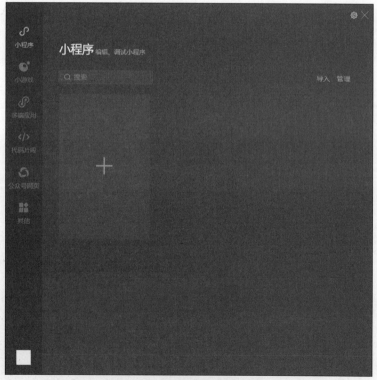

图 7-62　成功登录微信开发者工具

单击图 7-62 中的"+"按钮，新建一个小程序，进入创建微信小程序界面。

输入项目名称，选择提前创建的 zyk_wx 目录，输入 AppID，"后端服务"选中"不使用云服务"单选按钮，如图 7-63 所示。单击"创建"按钮，进入小程序开发界面，如图 7-64 所示。

图 7-63 创建微信小程序界面

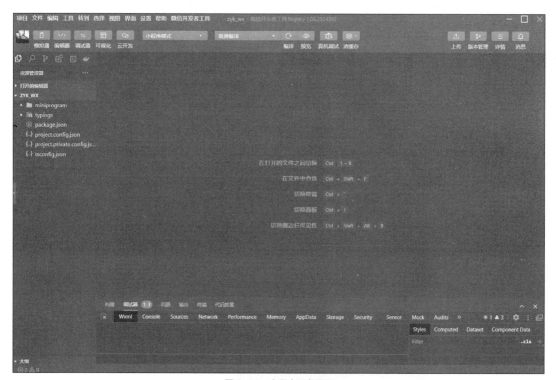

图 7-64 小程序开发界面

单击"模拟器"按钮，小程序自动编译并在模拟器中预览默认界面内容，如图 7-65 所示。

图 7-65　在模拟器中预览默认的小程序界面

查看本地创建的 zyk_wx 目录，如图 7-66 所示。

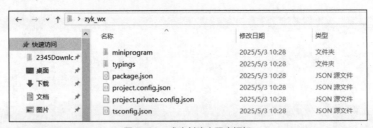

图 7-66　成功创建小程序框架

7.2.5　自动生成微信小程序页面

1. Cursor 打开小程序目录

打开 Cursor 软件，按照图 7-28 打开目录的方法打开 zyk_wx 目录，结果如图 7-67 所示。

图 7-67　使用 Cursor 打开 zyk_wx 目录

微课

V7-6　自动生成
微信小程序页面

2. 自动生成小程序界面

按 Ctrl+I 组合键，调出 Cursor 对话框，在文本框中输入以下提示词。

（1）将提供的微信小程序首页内容清空，将首页标题 Weixin 修改成"云计算课程资源库"。

（2）在底部导航栏处增加 3 个导航按钮，分别是"首页""课程列表""联系我们"，创建单击导航按钮后的跳转界面。

（3）在"首页"增加云计算资源库的介绍，在"课程列表"页面增加云计算相关课程的目录，在"联系我们"页面增加联系方式。要求界面美观大方，内容居中，布局合理，以蓝白色调为主。

按 Enter 键，这样 Cursor 就能够按照以上提示词创建微信小程序。微信小程序创建完成后，打开微信开发者工具的模拟器，查看首页，如图 7-68 所示；查看"课程列表"页面，如图 7-69 所示；查看"联系我们"页面，如图 7-70 所示。

图 7-68 首页

图 7-69 "课程列表"页面

图 7-70 "联系我们"页面

如果对以上内容不满意，可以通过调整提示词修改小程序内容。

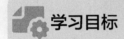

任务 7-3 零代码构建 MCP 应用

学习目标

知识目标
- 掌握 MCP 的作用。
- 掌握 MCP 应用的构成组件。

技能目标
- 能够配置 Cherry Studio 与 DeepSeek 连接。
- 能够在 MCP 客户端配置 MCP 服务器。

素养目标
- 培养仔细认真和解决问题的能力。
- 培养紧跟技术前沿，不断探索的品质。

7.3.1 任务描述

随着大语言模型的广泛应用，王红发现仅依靠大语言模型难以应对复杂的应用场景，所以决定使用大模型上下文协议（Model Context Protocol，MCP）来增强大语言模型的功能。她选择将 Cherry Studio 作为 MCP 客户端，与 DeepSeek 连接后，在 Cherry Studio 工具中配置 MCP 服务器，通过提示词自动生成旅游攻略。

7.3.2 必备知识

1. MCP 的作用

MCP 是一个开放、通用的协议标准，旨在为大语言模型提供统一的外部资源访问接口，使其能够动态调用工具和获取实时数据，而无须为每个应用场景开发专门的接口。

MCP 作为一种标准协议，就像为人工智能模型提供了一个"万能接口"，使得人工智能模型能够与多种数据源和工具进行无缝连接。MCP 类似于通用串行总线（Universal Serial Bus，USB）接口，通过标准化的方法将人工智能模型与各类工具和数据源进行连接，提供统一且可靠的方式来访问所需数据。

MCP 的核心目标是替代传统的碎片化 Agent 代码集成（Agent 代码通常指为实现特定任务或功能而编写的分散、孤立的程序逻辑。这些代码往往是针对单一场景临时开发的，缺乏系统性和复用性），从而提升人工智能系统的可靠性与效率。通过引入通用标准，服务提供商可以基于这一协议推出自己的人工智能服务，帮助开发者更快速地构建强大的人工智能应用。传统的智能应用在集成外部应用时，采用的架构如图 7-71 所示。

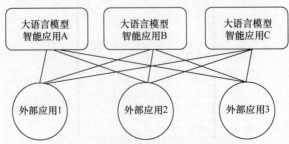

图 7-71 传统智能应用调用外部应用的架构

从图 7-71 中可以看出，每个智能应用在调用外部应用时都需要进行代码连接，非常烦琐。引入 MCP 之后，智能应用调用外部应用的架构如图 7-72 所示。

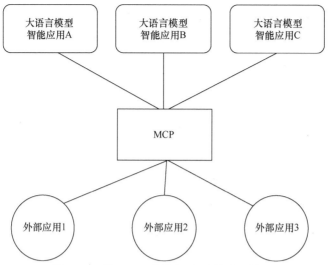

图 7-72　引入 MCP 后智能应用调用外部应用的架构

从图 7-72 可以看出，引入 MCP 之后，大语言模型智能应用连接外部应用时方便很多，只要大语言模型应用和外部应用都遵守 MCP 即可。

2. MCP 应用的构成组件

MCP 采用"客户端—服务器"模式进行工作，有以下 5 个构成组件。

① MCP 主机（MCP Host）：发起请求的大语言模型智能应用程序，如聊天机器人等。

② MCP 客户端（MCP Client）：在主机程序内集成了 MCP 的客户端程序，与 MCP 服务器保持一对一的连接。

③ MCP 服务器（MCP Server）：为 MCP 客户端提供所需的工具、上下文和提示信息，具备某种特定功能（如爬取网站、操作数据库等）。

④ 本地资源（Local Resource）：本地计算机上 MCP 服务器可以安全访问的资源，如文件和数据库。

⑤ 远程资源（Remote Resource）：MCP 服务器能够连接到的远程资源，如通过 API 提供的数据。

各组件之间的调用关系如图 7-73 所示。

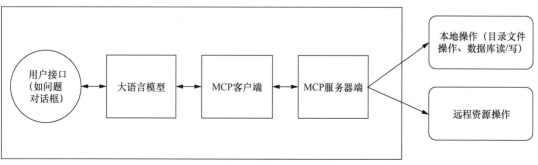

图 7-73　各组件之间的调用关系

如图 7-73 所示，用户使用接口（如问题对话框）访问大语言模型，大语言模型借助 MCP 客户端访问 MCP 服务器端，通过 MCP 服务器端进行本地操作或远程资源操作，进而扩展大语言模型的功能。

7.3.3　配置 Cherry Studio 与 DeepSeek 连接

1．下载并安装 Cherry Studio

Cherry Studio 智能应用集成了 MCP 客户端，可以连接到各种大语言模型，而且是图形化界面，便于学习。访问 Cherry Studio 官网并进入下载页面，如图 7-74 所示。

微课

V7-7　配置 Cherry Studio 与 DeepSeek 连接

图 7-74　Cherry Studio 下载页面

单击"立即下载（x64）"按钮，将 Cherry Studio 安装文件下载到本地。

启动 Cherry Studio 安装程序，如图 7-75 所示。

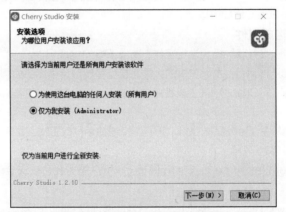

图 7-75　启动 Cherry Studio 安装程序

采用默认设置，单击"下一步"按钮，进入选定安装位置界面，如图 7-76 所示。

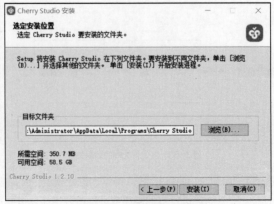

图 7-76　选定安装位置界面

采用默认的安装位置，单击"安装"按钮，等待片刻，Cherry Studio 即安装成功，如图 7-77 所示。

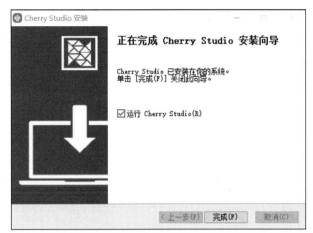

图 7-77　成功安装 Cherry Studio

2. 连接 DeepSeek 大语言模型

Cherry Studio 安装完成后，单击"完成"按钮，启动 Cherry Studio。单击左下角的设置按钮 ⚙，在"模型服务"中选择"硅基流动"，在右侧"API 密钥"文本框中输入在硅基流动上创建的 API 密钥（项目 2 中已讲解），单击"管理"按钮，选择"deepseek-ai/DeepSeek-R1"模型，如图 7-78 所示。

图 7-78　配置 Cherry Studio 连接到 DeepSeek-R1 模型

配置完成后，单击"API 密钥"右侧的"检测"按钮，对配置进行检查，若配置正确，则会提示"连接成功"。

7.3.4 在 MCP 客户端上配置 MCP 服务器

微课

V7-8 在 MCP 客户
端上配置 MCP
服务器

1. 在高德开放平台上申请开发密钥

Cherry Studio 集成了 MCP 客户端，可以连接到各种 MCP 服务器。由于本任务需要自动生成旅游攻略，因此在 MCP 客户端上需要配置高德 MCP 服务器。在配置高德 MCP 服务器时，需要高德的 Key（开发密钥），所以首先登录高德开放平台，申请 Key。

在浏览器中访问高德开放平台官网，如图 7-79 所示。

图 7-79　高德开放平台官网

单击右上角的"登录"按钮，弹出登录对话框，如图 7-80 所示。

图 7-80　高德开放平台登录对话框

使用"短信登录"或"二维码登录"方式登录高德开放平台，可以省去注册账号环节。首次登录高德开放平台时，按照提示使用支付宝和邮箱进行实名验证。

登录成功后，单击"控制台"超链接，如图 7-81 所示。

进入控制台后，选择左侧"应用管理"→"我的应用"选项，单击右侧的"创建新应用"按钮，如图 7-82 所示。

图 7-81　单击"控制台"

图 7-82　创建新应用

　　弹出"新建应用"对话框，在"应用名称"文本框中输入"MCP"（任意），选择"应用类型"为"旅游"，如图 7-83 所示。

新建应用　　　　　　　　　　　　　　　　　　　×

　　＊ 应用名称：　MCP

　　＊ 应用类型：　旅游

　　　　　　　　　　　　　　　　　　　取消　　新建

图 7-83　设置应用的名称和类型

　　单击"新建"按钮，即可成功创建名为"MCP"的应用。在 MCP 应用中单击"添加 Key"超链接，如图 7-84 所示。

图 7-84　单击"添加 Key"超链接

在弹出的对话框中，在"Key 名称"文本框中输入"MCP_Travel"，选择"服务平台"为"Web服务"，选中"阅读并同意高德地图开放平台服务协议和高德地图开放平台隐私权政策"复选框，如图 7-85 所示。

图 7-85　编辑 Key 的内容

单击"提交"按钮，在 MCP 应用下成功创建 Key，如图 7-86 所示。

图 7-86　成功创建 Key

单击图 7-86 中的"查看配额"超链接，高德开放平台为认证用户提供了免费的调用服务，足够用户学习使用。

2. 配置 MCP 服务器

（1）配置运行环境

当 MCP 客户端向 MCP 服务器发送请求时，运行 MCP 服务器的计算机必须具备所需环境，因此需要提前进行配置。

打开 Cherry Studio 软件，单击设置按钮⚙，选择"MCP 服务器"选项，发现右侧的三角形图标中是感叹号，该标识说明本地还没有具备 MCP 服务器运行的环境，如图 7-87 所示。

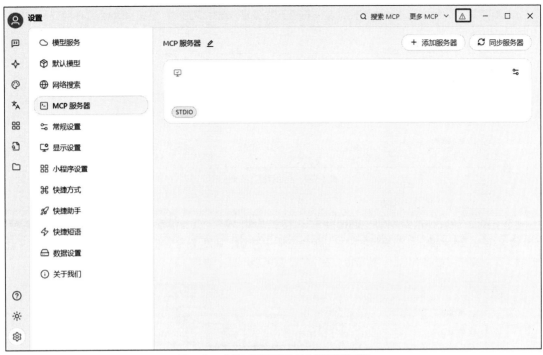

图 7-87　本地不具备运行 MCP 服务器的环境

单击图 7-87 中的三角形图标，进入安装 UV 和 Bun 界面，如图 7-88 所示。

图 7-88　安装 UV 和 Bun 界面

其中，UV 是 Python 程序运行环境，Bun 是 JavaScript 程序运行环境。依次单击图 7-88 中的"安装"按钮，将 UV 和 Bun 环境安装在本地，如图 7-89 所示。

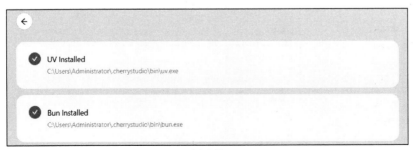

图 7-89　成功安装 UV 和 Bun

关闭并重启 Cherry Studio 软件，发现右侧三角形图标已经变为 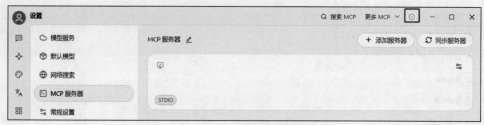，说明本地运行环境安装成功，如图 7-90 所示。

图 7-90　本地运行环境安装成功

（2）添加高德 MCP 服务器

单击界面右侧的"搜索 MCP"超链接，进入搜索界面。输入"@amap/amap-maps-mcp-server"（高德）并按 Enter 键，显示高德的网址，单击右侧 ＋ 按钮，如图 7-91 所示（如果想查找更多 MCP 服务器，可以单击"更多 MCP"超链接，在 MCP 服务器网站上查询）。

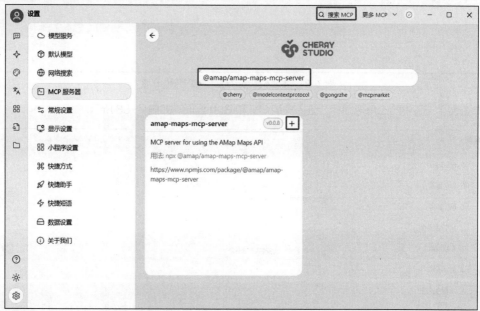

图 7-91　搜索高德

添加完成后，选择"MCP 服务器"选项，发现界面右侧的 MCP 服务器中成功添加了高德 MCP 服务器，如图 7-92 所示。

图 7-92　成功添加高德 MCP 服务器

单击界面右侧的高德 MCP 服务器，进入配置界面，如图 7-93 所示。

图 7-93　高德 MCP 服务器配置界面

注意观察图 7-93 框中的开关按钮，此时该服务器还没有启动。在启动高德 MCP 服务器前，保持"通用"选项卡中的内容不变，在"环境变量"中设置 AMAP_MAPS_API_KEY 的内容为在高德开放平台上申请的 Key，如图 7-94 所示。

图 7-94　设置"环境变量"

完成后，单击图 7-93 框中的开关按钮，启动高德 MCP 服务器。更新成功后，选择"工具"选项卡，发现高德为用户提供了多个工具，且这些工具都处于启动状态，如图 7-95 所示。

图 7-95　成功启动高德 MCP 服务器

7.3.5 自动生成旅游攻略

微课

V7-9 自动生成
旅游攻略

1. 选择高德 MCP 服务器

打开 Cherry Studio 软件，单击"助手"按钮，在右侧可以看到配置了硅基流动的模型，在文本框中单击 MCP 服务器按钮，如图 7-96 所示。

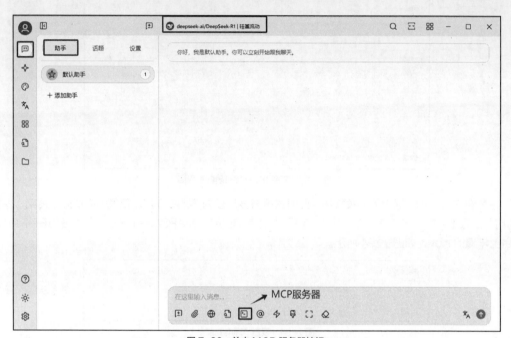

图 7-96 单击 MCP 服务器按钮

在打开的下拉列表中选择"amap-maps-mcp-server"选项，如图 7-97 所示。

图 7-97 选择高德 MCP 服务器

2. 生成旅游攻略

选择高德 MCP 服务器之后，在文本框中输入提示词"调用高德 MCP，帮我规划从沈阳出发，到达北京，3 天 2 晚的旅游攻略，重点介绍交通、景点和美食"，如图 7-98 所示，提交问题。

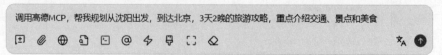

图 7-98 输入提示词

在进行旅行路线和景点规划时，DeepSeek 需要调用高德的功能，为用户生成的旅游攻略如图 7-99 所示。

图 7-99　调用高德 MCP 并生成旅游攻略

项目小结

　　本项目讲解了零代码生成网站、微信小程序页面以及零代码构建MCP应用。任务7-1讲解了使用Cursor调用DeepSeek生成网站，并通过嵌入网页代码调用教学助手智能体；任务7-2介绍了微信小程序账号的注册、通过微信开发者工具创建小程序框架以及使用Cursor调用DeepSeek生成微信小程序界面；任务7-3讲解了MCP的作用、MCP应用的构成组件以及配置MCP服务器的过程。

练习与思考

1. 选择题

（1）常见的网站的页面结构不包括（　　　）。

　　A. 首页　　　　　　B. 列表页　　　　　　C. 图片页　　　　　　D. 内容页

（2）构建网页的三大基础技术不包括（　　　）。

　　A. HTML　　　　　B. CSS　　　　　　　C. JavaScript　　　　D. Java

（3）微信小程序是（　　　）官方推出的一款不需要安装的应用。

　　A. 抖音　　　　　　B. 微信　　　　　　　C. 快手　　　　　　　D. 京东

（4）Cursor 是一个利用人工智能来帮助用户自动生成（　　　）的工具。

　　A. 代码　　　　　　B. 文本　　　　　　　C. 语音　　　　　　　D. 视频

（5）网站是由多个具体的网页组成的，每个网页通常包含多个（　　　）内容。

　　A. 交互模块　　　　B. 程序　　　　　　　C. 文档　　　　　　　D. 语言

2. 填空题

（1）HTML 代码是网页的＿＿＿＿＿＿，负责网页的结构和内容，如标题、段落、图片、超链接等，可以将其看作搭建网页的基础材料。

（2）CSS 代码用来控制网页的＿＿＿＿＿＿，其决定了网页的颜色、布局、字体和其他样式。简单来说，CSS 代码就是让网页看起来更漂亮的工具。

（3）JavaScript 代码让网页变得有＿＿＿＿＿＿。JavaScript 代码可以让网页完成很多任务，如单击按钮后显示消息、提交表单后验证信息或者制作动态效果（如轮播图、下拉菜单等）。JavaScript 代码就是让网页"动"起来的"魔法"。

（4）对于没有编程背景的人员，他们可以用自然语言在＿＿＿＿＿＿中输入需求，＿＿＿＿＿＿能根据需求生成代码并执行。

（5）Cursor 在生成代码时，需要借助连接的＿＿＿＿＿＿。

3. 简答题

（1）简述 Cursor 的功能和应用场景。

（2）简述 MCP 的作用。